厦门大学
哲学社会科学繁荣计划
2011—2021

"厦门大学哲学社会科学繁荣计划"资助出版

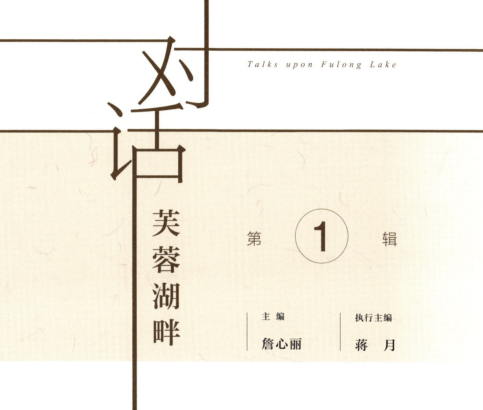

对话

Talks upon Fulong Lake

芙蓉湖畔

第 **1** 辑

主 编

詹心丽

执行主编

蒋 月

社会科学文献出版社
SOCIAL SCIENCES ACADEMIC PRESS (CHINA)

前 言

　　为了推动不同学科之间交流分享，普及科学知识，传播正确观点，厦门大学妇女/性别研究与培训基地、厦门大学社会科学研究处、厦门大学工会、厦门大学妇女委员会等单位联合举办跨学科活动——"芙蓉湖畔对话"。"芙蓉湖畔对话"定位介于学术与通俗之间，以性别为核心媒介，选取生命、科学、健康、教育等主题，邀请若干不同专业背景的嘉宾，以现场座谈的方式，通俗易懂又生动有趣地展示和交流对主题的理解和认识，传播哲学社会科学、自然科学、人文与艺术等领域的科学观念、知识和实践。在形式上，每期对话开场，都配上与主题相适应的音乐。对话过程中，嘉宾和主持人不拘一格地畅所欲言，气氛热烈又欢快。为了增进听众与对话嘉宾之间的现场互动，对话过程中设置了自由提问环节。听众可以把问题或评论写在纸质卡片上，交给现场的工作人员转交给嘉宾，还可以指定嘉宾回答问题。嘉宾结合自身研究专长，解答听众提出的问题，回应听众发表的评论，或严谨科学，或风趣幽默，智慧闪烁其中。嘉宾与嘉宾之间、嘉宾与听众之间平等对话，自由交流思想，观点交锋，认识碰撞，引发争鸣，以平实、生动、新颖的形式传递科学知识，引发人们关注，拓宽人的视野，激发学习兴趣，启发人们思考，促进讨论，解开一些困惑，增进自视、自省和提升。对话一经推出，即受到师生欢迎，甚至出现一票难求的现象。

　　第一期"芙蓉湖畔对话"，以"科学·性别·人生·梦想"为主题，于2016年11月30日晚在厦门大学科学艺术中心音乐厅举行。中科院院士、化学化工学院赵玉芬教授，环境与生态学院袁东星教授，厦门大学妇女委员会主任、法学院蒋月教授，马克思主义学院副院长石红梅副教授和新闻传播学院邹振东教授应邀担任对话嘉宾，与师生分享他们的看法、体会。对话由法学院副院长李兰英教授主持。"男女是否平等?"，"她时代"是否到来了? 什么是真正的男女平等? 嘉宾们结合自己的经历和感悟，从社会性别、生理性别等不同角度，畅谈对男女平等的理解感悟，进而对女性择业就业、突破职场困境、平衡工作与生活等进行探讨交流。赵玉芬教授以院士中的男女比例作切入点，分析了社会观念、发展机遇等对妇女成长的影响，鼓励在场同学不要因为性别而自我限制职业选择，更要始终保持好奇心，立足当前，脚踏实地，以积极态度面对挑战、解决问题，实现自己的独特价值。蒋月教授指出，男女平等从根本上是人格平等，而不是追求绝对公平，她讲解了劳动法对女性的特别保护，分析了该类法律特殊保障的"双刃剑"功效。袁东星教授引用厦门大学近年来男女学生比例的翔实数据，提出"天赋有别"，"科学没有生理性别，却有社会性别"，鼓励学生认识自己、尊重自己的社会性别，从而在未来生活上做出更好的选择。石红梅教授认为男女平等不仅是政治问题、法律问题，同样也是经济问题，如果国家没有支撑生育、抚育的相配套的"一揽子"工程，那么，束缚女性职业成长的"隐性的网"将永远存在。邹振东教授作为唯一的男嘉宾，自喻为"陪衬者"、"倾听者"，幽默风趣地分析了男女平等价值观的有效传播形式，认为有效的传播不在于表达了多少声音，而在于争取了多少支持。该期活动是庆祝厦门大学妇女/性别研究与培训基地成立10周年系列活动之一，由厦门大学妇女/性别研究与培训基地和厦门大学社科处联合主办，厦门大学工会、厦门大学妇女委员会、厦门大学团委联合承办。厦门大学党委副书记、纪委书记、工会主席赖虹凯同志，厦门大学副校长、厦门大学妇女/性别研究与培训基地主任詹心丽出席对话现场。

第二期"芙蓉湖畔对话"，以"科学·性别·健康·人生"为主题，于2017年3月31号晚在厦门大学科艺中心音乐厅举行。该期对话是为了响应习近平总书记在全国高校思想政治工作会议上发出的"全程育人、全方位育人"号召，贯彻落实《全民健身计划纲要》，切实执行《关于加强心理健康服务的指导意见》而举办的，由厦门大学工会、厦门大学妇女委员会、厦门大学团委和妇女/性别研究与培训基地联合主办。邀请厦门大学医学院副院长王彦晖教授、副院长齐忠权教授，厦门大学公共卫生学院方亚教授，厦门大学体育教学部赵秋爽副教授，厦门大学心理咨询与教育中心副主任赖丹凤副教授五位专家，为师生带来一场别开生面的"对话"；厦门大学法学院教授兼厦门大学妇女委员会主任蒋月担任主持人。厦门大学党委副书记、纪委书记赖虹凯同志，厦门大学副校长詹心丽、厦门大学关工委主任陈力文、厦门大学组织部部长梁卫中、厦门大学工会常务副主席宋毅、厦门大学离退休处处长郑建华、厦门大学妇女/性别研究与培训基地常务副主任林丹娅教授等应邀出席对话活动。首先，体育教育和运动专家赵秋爽副教授提出了"我的健康由运动做主"，要想更健康，就一定要加强体育锻炼。赵老师认为，随着社会发展，慢性病日益增多，为了更好地预防和控制慢性病，不仅需要科学的饮食和规律的睡眠，还需要适量的体育锻炼；健康的运动不仅能够完善形体、释放压力，还能够健全人格,愉悦身心。方亚教授从"疾病的预防"角度提醒说，"健康是人一生的最大财富，病床是最贵的，要预防疾病，远离病床"。方老师从健康、预防和管理三个方面分享了她的专业经验。她指出，健康不单单是身体无疾病，心理和社会适应方面也应处于健康状态，如此，才是真正的健康。平时，人们应多关注自己的身心健康，通过预防来维护健康，并且学会主动进行健康管理，例如，提高自身的健康素养、养成健康的生活方式等。王彦晖教授根据中医理论和知识，解释了什么是"寒热虚实"；告诉大家：生病吃什么，由人的身体状态所决定；看病，既要看西医，也要看中医，在一些中医擅长的领域，例如，痛经、哮喘、过敏性鼻炎等，可以中医为主，其他病症则应该中西医结合治疗。齐忠权教授结合其在北欧的生活工作经历,分享了对人生、健康、疾病和死亡的理解。齐老师指出,现代人的很多病都是"吃"出来的，忽视了对疾病的预防；人一旦生病，总一味将钱投入治疗上，误把医生视为掌握着"起死回生之术"的超人，这是不正确的健康观。齐教授呼吁人们要做定期体检，不盲目用药和食补；面对疾病以及死亡，都要有正确的心态。赖丹凤副教授从心理学角度，分享了自己多年的工作经验。赖老师提醒老师和同学们重视心理问题和精神健康；逃避不是解决问题和治疗疾病的措施;选择直面自己的问题,学会自我接纳和情绪管理，才能使身心更健康。嘉宾们热烈讨论了"疾病"、"预防"、"养生"、"亚健康"、"看病是选中医还是西医"等问题。主持人蒋月教授向在场嘉宾提问："医学、医疗上是否存在显著的性别差异呢?"齐忠权、王彦晖和赵秋爽都给予了肯定回答。齐忠权举医学样本选取为例，解释说医学实验多选择雄性样本来做。王彦晖说，比较而言，女性更关注健康，去医院看病的人中，女性病患者为多；女性的子宫、卵巢、乳房等都是特别敏感、脆弱的器官，容易得病，要好好保护。赵秋爽从运动角度解释说，日常生活中，男性多从事力量型的运动，运动量的需求和运动时间都要多于女性，建议大家在运动健身时要根据自己的性别，科学地选择适合自己的运动项目。对话结束前，赵秋爽副教授带领厦门大学啦啦操队带领全场人一起做"舒缓伸拉操"，倡导大家利用零碎时间运动美体健身。

第三期"芙蓉湖畔对话"以"教育·性别·公平·未来"为主题，于 2017 年 11 月 16 日晚在厦门大学克立楼三楼报告厅开讲。本期对话由厦门大学妇女／性别研究与培训基地、厦门大学工会、厦门大学妇女委员会、厦门大学团委共同主办。厦门大学化学化工学院院长、研究生院常务副院长江云宝教授、中国妇女研究会副会长、原福建江夏学院副院长叶文振教授、厦门大学教育研究院教育经济与管理研究所所长武毅英教授、厦门大学管理学院管理科学系主任彭丽芳教授应邀担任本次对话嘉宾，厦门大学法学院副院长何丽新教授担纲主持。厦门大学党委副书记、纪委书记、工会主席赖虹凯同志，厦门大学副校长、厦门大学妇女／性别研究与培训基地主任詹心丽出席了对话活动。"更好的教育"是众人的期盼，让每个人的人生都有出彩的机会是社会公平的要求和体现。报告厅内座无虚席，还有几位同学甚至在过道上席地而坐。该期对话围绕下列三个问题展开主题讨论：性别与学科专业特色、性别与人才培养、教育公平与两性发展。关于性别与学科专业特色问题，嘉宾们讨论了当下高校中不同学历层次学生中的男女生比例、男女两性各自的学习优势、两性学习行为是否有差异等问题和现象。江云宝教授指出，在他所在学院和专业，学业上，男女无差别，例如，物理、化学是最难学的，男生、女生学起来都同样难受；

他表示，的确应关注到性别，女生就是女生，男生就是男生。武毅英教授提出，两性在思维特点和心理特质上存在差异，女性偏于感性，男性偏于理性，这两种特性各具优势；这种差异还会影响男女对于学科、专业的选择。叶文振教授强调男女平等，认为"女生只擅长某些学科"的看法是一种性别偏见。探讨性别与人才培养问题时，嘉宾们从父母引导子女职业选择、考试选拔制度切入，探讨了近些年大学女生录取率高于男生、高考状元中的女生数量远超男生的现象。叶文振教授以他小女儿当牙医为例，倡导让孩子根据自身兴趣选择相应学科，高等教育不应设置学科疆界；他表示，女大学生数量大于男生这一现象是现代化的体征之一。武毅英教授比较了中美两国的考试选拔人才的机制，认为目前高考科目的设置似乎对女性有利一些，但是，更高端人才选拔机制似有利于男性胜出。关于教育公平与两性发展，嘉宾们一致认同教育包括家庭教育、学校教育、社会教育、自我教育；教育公平，既是强调获得教育的机会和资源的公平，又是指获得教育回报的公平。针对主持人有关研究成果显示目前女性就业薪资低于男性的问题，彭丽芳教授表示，从管理学上看，职场女性需要付出比男生更多的努力，是因为女性就业之后，面临婚姻、生育等问题，要扮演更多角色，而企业是一定要考虑成本的，如果妇女的生育成本由企业来负担，企业必然会压低女性的薪资。江云宝教授认为，对家庭的贡献就是对社会的贡献，女性不能过度牺牲自己时间和放弃追求美丽的权利。叶文振教授强调，应该重视职场的性别歧视问题；学校教育过程中，应当注重提高女生对性别歧视的辨别力，提高女生应对职场不平等待遇的能力。武毅英教授强调女性受教育的重要性和必要性。对于主持人提出的"高等教育如何应对人工智能时代到来"及两性差别日趋模糊问题，叶文振教授表示，科学界和学术界应展开更多探讨，不走极端化；人是情感动物，有情感需求，是人工智能无法替代的。对话进行中，听众提交了许多问题卡，要跟嘉宾们互动交流。嘉宾老师们认真地解答了听众提出的问题，一致强调性别意识的重要性、女性受教育的重要性和必要性。叶文振教授引用世界经济论坛创始人兼执行主席克劳斯·施瓦布的话传达其心声："我们正在进入一个人才为王的时代，一个国家或企业的竞争力将前所未有地依赖创新能力。这个时代的赢家必将是那些懂得接纳女性并助其发挥潜能的领导者。"他呼吁，未来应当提高女性受教育的程度，增强女性的信心，多关爱女性。大家都表示，对未来教育公平充满信心。

第四期"芙蓉湖畔对话"以"性别·生态·共享·文明"为主题，于 2018 年 5 月 15 日晚在厦门大学翔安校区学生活动中心的多功能厅举行。为了贯彻习近平主席提出的"绿水青山就是金山银山""坚持共享发展，朝共同富裕方向稳步前进"理念，倡导捍卫地球家园，我们责无旁贷；保护生态环境，人人有责，厦门大学妇女 / 性别研究与培训基地、厦门大学翔安校区党工委、厦门大学工会、厦门大学妇女委员会共同主办该期对话。邀请的对话嘉宾是中科院院士、厦门大学海洋与地球学院戴民汉教授，厦门大学海洋与地球学院副院长、教授级高级工程师王海黎，厦门大学环境与生态学院副院长史大林教授，厦门大学法学院副院长朱晓勤教授。福建省教学名师、厦门大学海洋与地球学院曹文清教授担任主持。让观众与学术大咖面对面交流，业界翘楚促膝共话"性别·生态·共享·文明"，客观评议破坏环境的行为，畅谈文明生态的建设、地球未来的发展，共绘"新时代"蓝图！厦门大学党委副书记、纪委书记、工会主席赖虹凯同志，中科院院士、厦门大学副校长韩家淮教授，厦门大学副校长、厦门大学妇女 / 性别研究与培训基地主任詹心丽同志，厦门大学关工委主任陈力文同志等出席了本期对话活动。围绕"性别与生态"话题、性别与生态之间关系、男女两个性别群体在生态文明建设中各自可以发挥的作用，嘉宾们从不同角度讲述了理解和体会。戴民汉院士认为，目前我国环境仍面临一些重大问题，要解决这些问题，就需要坚持走可持续发展的道路；厦门大学的教职员工和学生要引领科技、不断进行科研探索，加强学科建设、积极传播正确的科学观；同时，要行动起来，切实做一些环保小事。王海黎工程师指出，无论是陆地生态系统还是海洋生态系统，都是有机的统一体，无论破坏了其中的哪一个，都会产生相应的一系列环境问题；我们要解决的，并非环境本身所产生的环境危机，而是由人类导致、反过来又威胁人类生存的危机。史大林教授认为，高校师生，除了从教育、科研、社会服务三个方面进行环境保护，最重要的就是从自我做起，注重个人行为，培养节能、绿色的生活习惯。在谈到"环境生态行为是否存在性别的差异"问题时，三位男嘉宾都表达了对女性的尊重与赞扬，认为女性并非没有足够的能力和潜力，而是固有思维在一定程度上局限了女性的社会角色，让很多女性放弃了发展自我的机会，为家庭而选择牺牲自己的理想。随着社会的发展，人们会越来越意识到，女性同样可以在科研等曾被视为男性强势的领域中散发独有的光芒。自信、自强不分性别，保护环境也不分性别。朱晓勤教授表示，女性在孕育生命上与自然有着相似的能力，所以，女性更亲近自然，保护自然就是保护下一代；在环保问题上，女性会永远持支持立场。朱老师提出，土壤污染、垃圾分类、资源浪费等与我们的日常生活息息相关，因此，要大力推动相关环境保护法的颁布和实施；监管部门应加大监管力度，让法律切实发挥作用；公民也需要自觉地配合，有所行动。

　　每期"芙蓉湖畔对话"结束时，主办单位都要为嘉宾和主持人颁发对话活动纪念牌，并合影留念。

　　为更广泛地传播科学观念和知识，让更多人分享到精彩的"芙蓉湖畔对话"，征得对话嘉宾和主持人的同意，我们根据第一、二、三、四期"芙蓉湖畔对话"现场录音，整理出文字稿，编辑出版此文集。在本辑中，对嘉宾、主持人的介绍，皆以有关人士受邀参加"芙蓉湖畔对话"时的情况为准。为方便读者理解，就对话中出现的若干专业用词和人名，编者采用当页脚注或者括号说明的方式作了简略的解释、翻译或说明。

　　感谢所有受邀担任芙蓉湖畔对话的嘉宾和主持人。正是有你们的鼎力支持和倾情奉献，"芙蓉湖畔对话"才会精彩纷呈，收获师生许多关注，在短时间内迅速成为厦门大学校园中的一个品牌活动。感谢厦门大学法学院研究生林鑫（2016级）、冯周敏（2015级）、朱怡颖（2017级）、方曦（2017级）四位同学根据现场录音整理出对话文字初稿。感谢厦门大学的郑颖、李浩等老师摄制了芙蓉湖畔对话活动中的许多美照，定格诸多精彩瞬间。

　　我们将继续精心策划和认真举办"芙蓉湖畔对话"，促进更多的跨学科交流与分享，更有效地传播科学，增进人文精神，丰富人们生活，促进社会文明。

詹心丽

2018 年 6 月 30 日

目 录　C O N T E N T s

科学

·

性别

·

人生

·

梦想

第一期

芙蓉湖畔对话

嘉　宾 ／ 中科院院士、厦门大学化学化工学院教授　**赵玉芬**

厦门大学环境与生态学院教授　**袁东星**

厦门大学妇女委员会主任、法学院教授　**蒋　月**

厦门大学新闻传播学院教授　**邹振东**

马克思主义学院副院长、副教授　**石红梅**

主持人 ／ 厦门大学法学院副院长、教授　**李兰英**

时　间 ／ 2016 年 11 月 30 日 19：00~21：00

地　点 ／ 厦门大学科学艺术中心音乐厅举行。

李兰英：　　各位嘉宾，各位老师同学，大家晚上好！（掌声）我们期待已久的"芙蓉湖畔对话"今天在这里拉开序幕。今天，厦门的天空与我们的心情是一样的：白天晴空万里，晚上的火烧云非常绚烂，就像芙蓉花一样，映衬着厦门大学的美丽。今天晚上，我们将在这里举办一场大家期待已久的跨学科、跨性别的论坛。没错儿，重量级的嘉宾已经云集在场，请让我先介绍今天参与论坛的几位嘉宾。第一位嘉宾，大家猜一猜是谁呢？她就是来自中科院的院士、厦门大学化学化工学院的教授赵玉芬老师，大家欢迎！（掌声）有请赵老师入座。第二位同样是一位我们非常仰慕的女科学家，来自厦门大学环境与生态学院的袁东兴教授，她也是最受学生欢迎的老师之一，大家欢迎！（掌声）有请袁老师入座！第三位是厦门大学法学院教授，也是厦大法学院四大女神之一的著名婚姻家庭法专家蒋月老师！掌声有请！（掌声）请蒋老师入座。接下来的这位嘉宾，大家已经知道了，是这次论坛最年轻，也最有潜力的青年学者，厦门大学马克思主义学院副院长石红梅副教授，掌声欢迎！（掌声）。按照通常情况，最后压轴的一位，应该是最重量级、最值得期待的嘉宾，大家已经猜到了，他就是厦门大学新闻传播学院的邹振东教授！掌声有请！哇噻，欢迎邹教授的掌声大过了献给前面几位女嘉宾的，果然是位男神！今天，我们要探讨"科学·性别·人生·梦想"的话题。说到这里，差点把我自己这个特邀主持人漏掉了，我自我介绍一下，赶紧给自己攒点人气，我是厦门大学法学院的李兰英教授，请大家送给我掌声！（掌声）谢谢！"科学·性别·人生·梦想"这个话题，本身就特别具有挑战性。我准备要怎么开场时，特意浏览了一些媒体报道，尤其是我关注了一下当今政坛女性风云人物的表现，真是令人唏嘘嗟叹。大家想一想，来自英国的首相特雷莎、德国总理默克尔、美国民主党派总统候选人希拉里，都曾光芒四射，也曾黯然伤神。其他的人，大家可能还关注过国际货币基金组织总裁、智利总统等其他一系列总裁总统头衔的政坛人物，在此不一一列举。我们看看金融界、经济界、教育界、科学界，各位优秀女性在各个领域都是异常璀璨的、非常活跃的。就今天的话题，咱们就说说最近我身边发生的一件事情：上一周，福建省人民检察院承办了全国检察系统侦监公诉人大赛，到会选手101人，其中女性选手就有72人。您知道这意味着什么？同行悄悄地告诉我：这有什么稀奇？检察院"公诉科"现在都快要改成"母诉科"了。这样的落差，同事也经常跟我辩"理"：你总说男女不平等，还不平等吗？放眼望去，都是你们女性佼佼者占据了重要地位……那么，男女真的平等了吗？"她时代"真的到来了吗？提出这样的问题，我们肯定是有过追问和思考，但更期待有一个回应和答案，今天在座的来自不同专业的五位教授，都是有备而来，将与大家一同探讨各自的答案，这正是我们此次论坛的精彩之处。首先，我们把这个重要的问题抛给我们厦门大学妇女委员会的主任，也是全国著名的婚姻家庭方向的专家蒋月老师，请她来回答我刚刚提到的问题：男女真的平等了吗？掌声欢迎！

蒋　月：　　　男女平等是法律原则，我受邀来这个对话现场，今天晚上只想讲四个字：男女平等！男女平等！无论是我从事的专业工作还是兼职承担的社会工作，我的学术理念和工作理念就是推进男女平等。在法律上，在大多数法律条款中，只有"人"这个概念。"人"之下如何做区分？我们通常只区分成年人与未成年人，大多数时候法律是不区分男人与女人的。法律面前人人平等，所有的权利与义务都是男女平等的，男女平等就是我们的法律原则。什么时候法律要区分男人和女人呢？只有非常特殊的时候，在需要对妇女实行照顾时，就会有专门的妇女条款。例如，在劳动法领域，我们可以看到一些保护妇女的条款；在婚姻家庭法领域，有个别条款特别给予妇女某些照顾。刚才，主持人说的男女平等，是人类最近两百多年来都在追求中的男女平等。我们的法律在形式上已经男女平等了，但是，客观来说，男女不平等甚至是性别歧视现象在家庭领域、劳动领域和社会其他方方面面，我们仍很容易见到。今天晚上对话现场，嘉宾中只有邹老师一位男性；在厦门大学，女教授没有占教授人数的一半，应该说三分之二的教授是男性的。实际社会生活的各个方面，男女不平等的情况是常见的。那么，为什么男女不平等呢？相信，大家跟我一样，都思考过这个问题。我认为，在学校教育阶段，没有性别平等教育——从幼儿园到小学到中学到大学，是原因之一。男女平等价值观诞生至今仅有短短两百多年，可是男尊女卑、性别不平等的人类历史已经有几千年。我不认为现在男女不平等令人悲观失望，因为要全社会人放弃男女不平等转而接受男女平等基本价值观，肯定要经历很长的过程。应该说，推进男女平等已经取得了很好成绩，我自己就是享受到男女平等社会发展政策的受益者，各位也都是这样的受益者。谢谢！

李兰英：　　　　蒋老师一开始就传达了一个正能量，第一，男女应该平等；第二，法律已经规定了男女平等，但是，她又说客观上好像有些地方还不够平等，还没有达到理想状态。我理解蒋老师要表达的是这三个意思。无论是作为一名女性还是男性，您说男女平等是从数量上讲呢还是从质量上讲呢？还是其他方面呢？估计不同角度有不同答案。我给大家爆个料，厦门大学法学院33名教授中有一半以上是女性教授。曾经有一年纪念"三八妇女节"的活动中，记得是五年前，我们排演过一个服装秀节目，这个走秀节目的报幕词就特别强调一句：下面有请法学院13名女正教授表演节目……后来，我们就有了个"金陵十三钗"的绰号。这说明了什么问题呢？我再给大家爆个料，厦门大学法学院现有5个院领导（正、副院长），其中就有4名女性。从数量上讲，从女性崭露头角来讲，我觉得如果说男女没有平等似乎不客观，没有平等机会，我们怎么能够成为女教授、女院长呢？我个人感觉还是给了平等的机会。蒋老师一向语言锋利，看似抛砖引玉，其实，她更善于后发制人，一会儿再来听她阐述。

　　　　　　　大家看过来，今天我们这里有重量级的科学家嘉宾。很多人从小就有做科学家的理想，而今天近距离地与两位科学家交流交心，其中赵玉芬老师还是中科院的院士。必须要讲一下，赵老师真是推掉了所有繁忙的工作，特别出席今晚的芙蓉湖畔对话。赵老师代表理工科的科学家，而且是位女科学家，就这个问题，赵老师也是最有发言权的，大家好好看一看，更要听听她怎么说的。掌声欢迎。

赵玉芬：　　　　谢谢李老师。非常高兴来到芙蓉湖畔对话现场跟大家聊一聊。这个话题很大，刚刚蒋老师、李老师都说了，女院士到底有多少？不到5%，我说这个数字是非常低的。而且在6年前或者 8 年前，有一个很奇怪的现象，中科院选了 60 个院士，只有一名女院士，是在我们化学学部，叫张丽娜。当时院长接见新晋院士们，要给他们颁发证书，一看 60 个科学院院士中，只有 1 名女院士，张丽娜。她是一枝独秀。当然，这个事也可以反过来说，我所在的化学学部比较公平，选上了一名女院士，其他学部没有女性入选。我们认为这种现象是不公平的，因为有优秀成果的女科学家很多，但是，在选举的时候确实有不公正的地方。确实从数量上看，男女是不平等的。既然有不平等这个现象，我们怎么去改变它呢？所以，我们就在历届选举中，大力呼吁尤其我们化学学部要增选女院士。后来，其他学部也都跟着上了。同时，我们国家在女孩子教育上有很特殊的地方。比如说，尤其是化学行业中就有很多女性的，在分析化学、生命科学领域的女性都超过一半了。原因之一是在选择特殊专业的时候，女孩会喜欢某几个行业。总的来讲，第一，我们要承认存在男女不平等现象；第二，我们怎么去改变它？待会儿，我下面会再讲要怎么做。院士选举又开始了，我在这里呼吁要大力支持选举女院士。

李兰英： 　　女院士当选是非常难得的，这就更能反映出赵院士的卓越与不凡。在这么艰难的情况下，这么多竞争对手，您能从中脱颖而出当选为院士，成为女性的骄傲，成为咱们厦门大学的骄傲，真的非常感谢和钦佩您！我建议大家在今天对话活动结束后，去网上查阅赵老师的成长经历和故事，非常感人，而且非常富有传奇色彩，在这里我不多说了，很多秘密由你们去发现。好了，刚刚听了赵老师的发言，我们已经看到在理工科乃至评选院士的结果，仍不免令人想到男女不平等。接下来，我们听听来自理工科的另外一位科学家袁东星老师，她是不是有同样的感受呢？掌声欢迎！

袁东星：　　　各位好。我刚才跟赵老师说，今天的题目是科学和性别，然后我问赵老师："科学有性别吗？"赵老师说这个题目好奇怪，我拿到这个题目也觉得好奇怪。因为对理工科来说，这个题目要有很多的边界和条件，要有充分条件、必要条件。比如说，我发给大家一张卷子，假设在座的是考生，那肯定卷子一发下去大家就要举手了，说"报告老师，你这个科学是怎么定义的？是人文科学还是社会科学？软科学还是硬科学？是理科还是工科？"另外一个同学也举手问："你这性别是生理性别还是社会性别？"最后说："老师，这个题目我没办法做。你问有性别吗？我就只需回答有还是没有，还是你要我展开？你这个题目根本就出的不好……"最后我就被他们绕晕了，我说算了算了，是我题目出得不好，你们就不要做了，都给你们100分，大家就很高兴，对吧？对于科学有没有性别这个事，我还真是作了点思考。刚好前几天同学聚会，我们大学同学都已经到了五十几、六十几的年龄了。我先问了一帮男同学，我说科学有性别吗？所有男同学差不多都异口同声地告诉我，"开什么玩笑，科学怎么可能有性别？"我又问了一帮女同学，"科学有性别吗？"所有人都在那儿挠脑袋，说我得好好想一想这个问题，都说科学可能是有性别。后来我做了一点功课，上网查了一下，发现在欧洲许多国家的词性里面，科学还真是有性别，像德国、法国、西班牙、意大利、荷兰，而且这个性别同样都是阴性。所以，我认为科学是有性别的，而且是女性。我觉得这个地方有点意思，我还得再想一想，我想先把话筒交给其他老师。

李兰英：　　　感谢袁老师。大家听到了吧，其实我也觉得很吃惊——居然袁老师说科学是有性别的，她提出了一个重要的命题，而且是做了功课之后得到的命题。从发达国家看，女性科学家应该更具多数。在座的女生来得比较多，应该把掌声留给我们自己！
掌声欢迎和鼓励一下你们自己！刚才我把眼光投向邹老师，邹
老师给我打手势说女士优先，非常有绅士风度。想一想我们在
座的四位女嘉宾中，只有最年轻的石红梅老师没发言了，因此，
把女士优先进行到底，有请石老师发表她的见解，掌声欢迎！

石红梅：　　　　谢谢大家。科学有性别吗？当听到这个问题时，我感觉说
"科学怎么会有性别呢？"当袁老师说德语、法语中间阴性词汇
可以将女性与"阴"联系在一起，所以科学有性别——这是非
常好玩、非常有意思的问题，非常幽默。科学没有性别，因为
我们的宪法、法律、各种制度设计等，都证明我们的社会男女
平等，没有性别之分，只要努力，我们都可以获得我们应得的
机会，获得应有的收益。可是，现实中，我们的确是碰到了这
个问题，科学真的有性别。因为在赵老师与袁老师她们所在的系，
比如化学、环境生态学，女院士和教授是很少的，外文学院和
法学院却有很多女生和女教授。这里有一个行业隔离和专业分
离的问题。为什么我们的爸爸妈妈说女孩子考大学选语言类专
业比较适合，找工作最好在稳定的事业单位，最好比较没有创
新和挑战，以后对生活比较有用——我们是听着这样的话长大
的。我爸爸说你是女孩子，你要更多地读书，因为面临未来的
挑战你将会比男性碰到更多障碍。于是，他说你要比弟弟读更
多书，于是他说你要读本科，要读硕士，要读博士，他希望我
用人力资本的积累来面对和突破这个社会中种种隐性的障碍。
于是，我很努力，我读书，我创新，我希望不输给别人，我希
望我有高学历。获得高学历找工作的时候，十个人有九个女生、
一个男生，这个时候这个男生变得非常宝贝，他一下就从第十
名跳到了第一名，面试官说："那第十名，来吧。"我获得了很

好的工作之后，有了很好的收入，这个时候我说有学历了、有收入了、有好的工作了，我说美好生活开始了。可是，我发现我找不到好的男朋友了，被社会"剩下来了"。为什么我这么努力、我这么优秀，为什么到最后我会碰到这么多隐性的网、我们看不到的网？其实，我们国家的法制与规定各个方面都是非常好的设计，可是在现实生活中我们隐隐作痛，我们似乎有一对隐形的翅膀，可是我们飞不起来，为什么？男性和女性究竟有什么区别？我想来想去，只有两个差异：第一个，我们要怀孕生孩子，我们要担负人类生育和繁衍的任务。所以习近平同志说："没有女性就没有人类，没有人类就没有社会。"这个任务非常重要。第二，妇女结婚之后，常常是要做更多家务，家务包括培育孩子，于是你会看到拼爹拼妈的时代在这个时候、在很多层面中间妈妈的重要性，不仅拼体力还拼智力。有一天，孩子还会问妈妈："你以后能不能带我出国去旅游？能不能规划一个好的游玩路线？"这个时候，妈妈的竞争已经不是一个简单竞争了。在这个过程中间，我觉得男女如果要平等，就需要在生育培育与家务劳动这两个方面有很好的改进，对不对？我希望这是一个一揽子工程，全社会系统地推进和解决，如果这两个问题不能得到很好的解决，我想那对隐性的翅膀可能永远飞翔不起来。谢谢大家！

李兰英：　　　石老师以生动的语言道出了一位优秀女性内心的苦恼以及对未来的隐忧。石老师研究的是马克思主义中的女权主义，我也很感兴趣，你的观点是马克思主义对我们女性报以这样的关怀和定论吗？这个问题值得探讨。听完了各位优秀女性的发言之后，大家的期待都聚焦到邹老师身上。大家看到了，一直默不作声的、以深沉的眼光注视我们的邹老师。我们很难邀请到邹老师，他首先说"你让我去，你们五位女性就我一个男性，我是在孤独地陪衬你们"。是这样吗？其实大家或许知道，邹老师的头衔很多，我注意到他曾经某一年被凤凰网评为最具洞察力的博士。在座的各位都要小心了，我们来看看邹老师发现了什么。有请邹老师为我们献出高见！

邹振东：　　亲爱的老师、同学们！前面四位女教授都站立着做了她们的开场白，邹振东教授也不例外。但邹振东教授的起立与她们不一样。我是希望用起立致敬的方式来表达对女性的赞美和对所有在追求女性性别道路上的推动者表达我的敬意！我从来没有像今天这样清楚和尴尬地意识到自己的性别。这种清楚和尴尬远远超过不小心走错卫生间的强烈程度。一个声音一直在我心里喊：为什么我是一个男性而不是一个女性？我十分清楚自己的身份。《圣经》创世纪第一章中，上帝说："这里要有光，于是便有了光。"刚才说科学的性别是女，今天上帝的性别也是女。今天的上帝说厦门大学芙蓉湖畔对话必须有一个男教授，于是就有了邹振东教授。每一出大戏角色都有分工，我知道作为今天舞台上唯一一个孤独的男性，我的角色作用就是成为背景，衬托女性的美丽、智慧与光芒。当然，把自己定义为一个角色仍然高看了自己，我清楚其实就是一个道具——每一个电脑的桌面上都有一个图标，没错，那就是垃圾箱。今天在座的诸位，你们所有对男权社会的不满以及在性别不平等遭遇的委屈待遇都可以朝我发泄。我将谦卑地倾听、深刻地反省并充分地转达。在自然性别上，英文叫"sex"，今天在场上有 5 名女性和 1 名男性，但是，我希望今天在社会性别上，英文叫"gender"，今天场上是 6 位女性。为了呼吁全社会重视性别平等问题，今天我们都是女性。我今天的发言的主要观点概括起来就是两句话：第一句话，男人都不是个东西；第二句话，男人不是东西，他是人。为什么要做这样一个推断？因为如果男人不是人，我们就不能对他进行传播，你能对桌子传播吗？可是，假如他是人，我们就可以传播，传播是可以改变世界的。所以，今天我将围绕着性别平等的传播问题和大家一起讨论，请大家指教，谢谢！

李兰英： 邹教授果然一语惊人，我作为主持人原本有心中的台词，被他这一番话打得不知所措。邹老师的讲话把5个女人的话全部概括、"一网打尽"了。他谦卑地说把自己作为女人，我呼吁在座的男人仍然是男人，女人仍然是女人，只不过我希望你们今天和以后为我们女性取得的成绩送上你们的喝彩！听了邹老师发言之后，蒋月老师有点按捺不住了，刚刚她是用非常谦虚的语调、委婉地表达自己的开场白，现在蒋老师已经主动拿起麦克风，要抢着发言了。这里我们提示在座的各位观众，我们这次对话活动中有一个环节，你们边听边思考，边把你们想提问的问题记录在工作人员给你们的小卡片上，当我们一番论战之后，你们静静地把卡片交给工作人员，待到最后环节是同学与老师的对话交流，大家要做好准备。在经过一番唇枪舌剑之后，现在，请蒋老师发表自己的新想法，大家把掌声送给蒋老师！

蒋　月： 谢谢。受邀参加这场对话，非常难得。所以，我要抢发言机会了。刚才邹老师说性别有生理性别和社会性别，确实在我们职业活动中经常看见到高级别公务人员中，女性很少，少数女性公职人员有时还会刻意模糊自己的性别，甚至不愿意别人说她们代表妇女。应当认识到，无论男女，都有部分人不清楚我们讲的性别平等是什么含义。性别平等的核心意思是指男性与女性享有同等人格、同等待遇，任何性别都不受歧视甚至降格对待。生理的性别是根据人体解剖结构来确定的，社会性别则是文化构造出来的。在座的各位老师和同学，请想一想，我自己也经常问自己，你们对自己的性别有没有深刻的认识？在社会性别上，我们为什么会认为自己是男性或女性？有一次，一位法学同行对我说，"蒋老师，你经常讲男女平等，你的眼睛里会不会放出绿光？"听到这样的对话，我不觉得这它是个玩笑，当时甚至还受了一点小小的伤害，虽然这位男士是用玩笑的口吻说的。我们亚洲人的眼睛里不会冒绿光的，说一个人眼睛冒绿光，大意是说"你好像是一个怪物"。如此理解或者对待男女平等，明显就不对嘛。在劳动领域，我们看到，在国家实施"全面二孩"政策之后，部分女大学生毕业找工作的时候，面试官就直接问她们："你有没有生二孩的计划？"在此之前，毕业女生则时常被问及：有没有生育计划？因为那个时候每个人只能生一个，"二孩政策"实施之后，老板或者面试官就问女生们"有没有生二孩的计划？"但是，面试官或者老板几乎从不问男生同样的问题！曾经有一次做项目调研中，有位企业老板直接向我抱怨说："蒋老师，我不是她们的爹，我没有责任养她一辈子。就是爹，也只要养女儿18年，为什么法律要老板养女员工一辈子？"这位老板说的是女员工受到"三期"特别保护的情况，但是，是说得有些夸大其辞了。"三期"是指月经期、哺乳期、怀孕期三个特殊时间段。按照我国劳动法律规定，怀孕的女工、哺乳期的女工享受解雇保护，用人单位不可以解雇她们的。一名女性劳动者，怀孕10个月＋哺乳10个月或者12个月，合计20~22个月了，大概就是两年左右时间。现在可以生第二个孩子了，如果女员工在哺乳后期又怀上第二个孩子，的确会开始新一轮解雇保护，要保护她20个月，在这20个月里，用人单位同样不能解雇她。其中，女员工休法定产假期间，她是停止工作的，但是，依法享有产假期间的薪资待遇。咱们国家的《劳动合同法》还规定，同一个用人单位与同一个劳动者，连续签订两个固定期限的劳动合同之后，签订第三个劳动合同时，只能签订无固定期限劳动合同。无固定期限劳动合同签订之后，若不出现法定情形或者意外的话，这位劳动者应该可以在这个单位工作到退休。实际上，并不是每一位女性劳动者都会遇到这样的情形。《劳动合同法》也规定了用人单位单方面终止劳动合同的若干法定情形，即使签订了无固定期限劳动合同的，劳动合同也是可能被提前终止的；用人单位和劳动者协商一致，依法也可以终止劳动合同的。客观地说，在哺乳期、怀孕期终止劳动合同的情形是非常少见的，只有女职工严重违反劳动纪律，或者跟别的用人单位签订了劳动合同的，也就是拿"双薪"的，用人单位要求她辞去那个工作，她不干，或者女职工触犯刑法被定罪判刑的，在这些特殊情况下，在"三期"内的女职工才能被解雇。所以，那个老板的说辞有点道理。我也在思考，特殊保护女职工的经济成本究竟应该由用人单位全额承担还是应由国家和用人单位按比例来分担，哪一种安排更公平合理？石红梅老师刚才说，家庭会投更多人力资源给女孩，可是，据我所知，这种情况仅限于部分家庭或者说主要是城市家庭中才会发生。在劳动力市场上，女性受到的挑战是非常大的，"全面二孩"政策后，职业妇女遇到的挑战就更大了。最近，我们看到女员工特别集中的企业、行业中，大龄或高育龄女工赶着怀二胎的现象比较普遍，的确给用人单位的正常生产、经营带来了比较大的困难。例如，有一个单位，85%以上的女员工都怀孕了，老板苦笑着说，"就只剩下快退休的人没怀孕了"，没有几个人来上班，怎么办呢？这个单位距离"关门"不远了！有雇主跟我说"您天天说男女平等，要在劳动领域反性别歧视，结果我这个企业就要倒闭了，妇女连工作都丢掉了，岂不是更糟糕！"也有用人单位管理人员对我说，"蒋老师，您懂得平等，那您能帮做到企业单位既符合平等要求又有足够效率吗？"必须承认，我不擅长于管理学，也不懂企业运行实操，开不出这类"秘籍"。男女平等不仅仅是个人问题，不仅仅是家庭问题，也不仅仅是用人单位问题，它更是非常大的经济问题、政治问题、社会问题，如果解决不好，会影响国家经济社会发展。非常希望大家一起来思考，谢谢！

李兰英：　　　　石老师举手要抢着发言了。现在台上嘉宾中，能够有机会生二胎的，只有最年轻的石老师了。请吧，谈谈您的看法。

石红梅：　　　　我请教大家一个问题：我要不要生二孩？生还是不生？我对这个问题非常纠结。结合蒋老师刚才提到的问题，我提出两个问题。第一，为什么85%的女生愿意生二胎？为什么只剩下15%要退休的女生不生呢？为什么呢？第二，假如我接受了很好的高等教育，我在职场上有很好的发展，我希望我生命中有很多很多职业生涯的规划和时间的归属，如果我碰到企业和社会中种种隐性的痛的时候，作为一个高知女性，我会用经济学的方法去思考我要不要生，我会得到两个结论：结婚是不划算的，生孩子也是不划算的。这两个结论直接导致的结果非常可怕，也就是说我们社会中，可能因此有很多女生选择独身，有很多女生选择不生孩子。那怎么办呢？好可怕。于是我说这个问题不单单是一个女性的选择的问题，牵扯到很多的问题。这些要求教于很多很多专家学者。

李兰英：　　　　石红梅老师是福建省优秀教师，她也是一位善于思考与开

拓的教师。每一个问题到她那儿都成了几个问号，让我们每个
人大脑中不断地盘旋与追问。她问的这个问题我觉得可能也触
动了很多同学的心，生与不生是你未来必然要考虑的问题。赵
老师您对刚刚两位老师提到的，您有什么看法？作为一位科学
家，您可能也是视野非常开阔，在国外走了那么多的国家，您
有没有遇到国外优秀的女性有这样的问题呢？

赵玉芬：　　　　这确实是一个很大的问题，不仅是家庭的，也是社会的、
国家的问题。但是总的来讲，一个孩子确实是比较孤单，一般
的家庭应该有两个或三个孩子，两个很好，三个也不多。孩子
之间的社会性、协调等等能力要培养，一个确实太孤独了，两
个孩子会谦让，三个孩子就等于是小社会了。所以宏观地讲这
是为了孩子健康成长的考虑。两个孩子在一起玩可能家长都省
事，一个跟着奶奶爷爷，天天带着，两个互相玩啊。我们那个
年代，我自己家里有六个孩子，家里好像也负担得起。我是家
里的老大，就背妹妹、照顾妹妹，我还给他们洗尿布，所以他
们一个个人高马大，我老大就最瘦小，我说都是背他们背的。
第一个方面，宏观来讲，从社会发展层面，两个孩子绝对是应
该的。怎么克服刚刚各位老师说的问题呢？因为我们国家和西
方国家不一样，爷爷奶奶、外公外婆等长辈会帮忙照顾孩子，
甚至在国外的时候爷爷奶奶还跑到国外去照顾呢。我们中国社
会与国外不太一样。第二个，经济情况好的话请保姆，我自己
以前也是请过，她帮我们很多忙，我们也帮助她，我们职业平等，
我们互相帮助、互相尊重。这是家政服务方面，这也是我们国
家的特色，而且应该提高家政服务的水平。所以我觉得刚才的
问题可以用社会的办法来解决，我们国家请保姆的成本比西方
国家低一些。所以我的建议还是要生，能生赶快生。

李兰英：　　　赵老师已经喊出了为二胎加油的口号。袁老师是研究生态环境的。那么她对于这个命题有怎样的见解呢？刚才谈到三个命题，第一，男女平等吗？第二，科学有性别吗？第三，要不要生二胎？这些问题都是热点问题。我们来听听袁老师她有什么样的见解。掌声有请袁老师！

袁东星：　　　刚才提了三个命题，但是没有一个人来跟我争论科学到底有没有性别，阴性还是阳性？男性还是女性？好吧，那我们就来说下生二胎的事。其实，从社会环境来说是要生，从自然环境来说不应该生，因为自然环境压力太大。再说怎么解决这个问题？比如，石老师要生二胎，假设您现在承担着很多工作，找个助理行不行？立马就有问题了，谁出这份钱？我们校领导刚好在这，我来讨个政策试试看。我们学院下个学期要招聘一名教学实验中心的临时工作人员，当时我觉得很奇怪，去打听了一下，他们说下学期有两个老师要生孩子，有生一胎的，有生二胎的，我们教学实验中心大部分老师是女性。我问：谁付钱给这位临时工作人员啊？他说学院出钱呗。我说，如果夫妻双方都是厦门大学的教职工，女方负责生二胎，男方所在学院负责出钱，怎么样？咱们校领导就在现场，我提出的这一个动议，请你们想一想，是不是可行？也请蒋老师考虑看看这个办法是不是可以解决一些负担，至少精神压力没有那么大了。

李兰英：　　　刚刚赵老师说要给生孩子喊出加油的口号，您是要加什么？

袁东星：　　　我加钱。

李兰英：　　　　对，这个话很重要。您先想一想。我发现邹老师已经跃跃欲试，按捺不住要发言了。邹老师刚来的时候说，他自己是一个给大家诉苦的"垃圾桶"，但是，在性别平等问题上，若没有男性的关注，何谈平等？您今天的发言对妇女"翻身"至关重要。我们期待着您不要光倾听我们的吐槽，您应该发出您的最强音，为女性尤其是性别方面的见解挖出历史的渊源。有请邹老师！

邹振东：　　　　刚才蒋月老师提到自己不愉快经历，您有些生气有位男士说你眼睛里发绿光。我倒建议您不要生气，您可以对他说，"我眼睛里之所以发绿光，是因为我看到你都是绿光"。我现在觉得，性别平等问题可能症结是在传播上，因为性别平等并没有真正深入人心，大家基本上还是依靠法律和法规进行强制执行，大家对性别平等并没有真正深刻的理解。我一直在琢磨歧视是怎么来的？在这世界上，有非常多的歧视，我们需要用平等来纠正它。我领悟到，判断歧视与否的一个重要标准是"你个人能不能选择？"比如，一个人歧视我是黑种人，我没有办法选择我不是黑种人，我无法改变出生，所以，这就是歧视我。我出生就是女性，我没办法改变我的性别，即使变性也没办法。所有的各种歧视如果还原，是因为我个人无法选择，我们不能歧视一个我们无法改变的事实。所以，要在这个方面进行有效的传播。刚才谈到雇主问题，我也想讲一个雇主的故事。我以前在电视台也当过雇主，是电视台的台长，确实会碰到这样的问题。记得我们电视台是一个萝卜一个坑。非常奇怪的是，非常出色的恰恰都是女性，可是，她们一生孩子真就麻烦了。后来，她们要生孩子的时候，我会尽可能让她们在怀孕期承担更多弹性的工作，这样，我们就可以合理地规避掉"麻烦"。我记得有一个女员工生孩子，她也是厦门大学新闻传播学院毕业的，到了年底，我们所有的待遇都给了她，我还另外从部门经费中给她发了一笔奖金。她非常奇怪地问我为什么这么做。我说你正缺奶粉钱，我在你最缺钱的时候发这笔钱给你。在我做了这个事情之后，这位女员工她就会更卖力地工作。所以，我觉得我还是得到了回报。我再讲一个故事，在座的各位今后可能也会成为雇主的，我讲一个我亲身的经历。我们过去很穷，很困难。记得我的母亲曾经在一个单位工作，一年有一次聚餐，聚餐的时候，家属是不能去的，结果我们只能等在外面。母亲在里面吃肉时非常痛苦，因为孩子吃不着。单位的领导看到了之后说，你赶紧回去吧，孩子在外面，你不要聚餐了，我打一包肉给你带回去，我母亲特别高兴，我们一家人都可以吃到肉了。这位领导当时这么一个小小举动让我记住一辈子。我希望以后有机会做雇主的每一位同学，都要考虑到性别带来的各种东西。在那之后，我在单位里组织每一次活动，都允许员工带家属参加，因为当她一个人参加活动时，作为母亲，她一定会惦记着她的孩子。我想，我们要不断进行这种传播，我们既要传播法律规则，又要传播法律之外的东西。传播，能够改变一个人，就能够改变一个小世界。谢谢！

李兰英： 邹老师用生动的、发生在自己身边的故事告诉我们女性作为母亲在家庭中、社会中的重要性，意味深长。传播着一种母爱与善良。我们陆续收到了同学们的提问卡，卡片上写的问题比较多，我简要做了分类。接下来的环节，一方面，每个老师可以继续就你们的观点进一步阐述论证，也可以就同学们的提问发表自己的见解。我利用主持人职务便利回答一位同学问我的问题。他问的是我的专业问题：为什么我们国家的刑法中强奸罪只规定女性是受害者，为什么强奸罪不保护男性的性权益呢？提这个问题的，无论是男生还是女生，都是非常专业的。在我们今年的《刑法修正案（九）》条文修改中有一条作了重大修订，原来有个罪名叫"侮辱、猥亵妇女罪"，从 2015 年 11 月《刑法修正案（九）》开始实施后，这个罪名正式更名为"侮辱、猥亵他人罪"。用"他人"替代了"妇女"，说明这类违法犯罪行为的受害者不仅仅限于女性。说起来，这个规定是有渊源的。曾经在河南发生过一个奥赛教师利用职务之便，性侵 6 名初三男生。若干年后，这些奥赛学生联名写信告状，主动报案。但是，苦于当时的中国刑法只规定了"侮辱、猥亵妇女罪"，由于法无明文规定，这个性侵行为人最终没有被定罪，只是被开除了。但是，他之后又找到了别的职业。这是我们当时立法修改的主要原因，就是保护对象上缺少了男性。另外，有一个罪名叫"强奸妇女罪"，把妇女作为保护的一个客体，强奸妇女，构成犯罪。然而，现实生活中，也有一定数量的男性被强奸的，那么，法律如何给予保护呢？这也是我们学者一直以来关注的问题。可以告诉你们的是，世界上有很多国家法律规定的是"强奸他人罪"。如果我来点评的话，我只能说，我国立法上的"强奸妇女罪"修改成"强奸他人罪"指日可待。但是，你以为修法之后，男生就欢呼雀跃了吗？没有！很多男生会抱怨：你这不是侮辱我吗？所以，刚刚提问的同学，你想呼吁对男性的保护，也得看看有些男性未必认为这是对他的保护，因为他一直误认为在性活动中，甚至在任何活动中，男性才是主体，处于主导地位。所以有些立法虽然出于好意，但别人可能并不买账。我抢先回答了这个问题。蒋月老师收到的问题卡多，所以，请蒋老师就同学们的提问作个回应吧。

蒋　月：　　　　谢谢。有两位同学提出的问题中，各自的观点正好相反。第一位同学认为男女天赋有别，如果都要男女平等，那么，女人造房子能造得牢吗？女性下井挖煤的，产能会比男人多吗？在第二个问题中，另一位同学说，劳动法对女性的各种保护反而形成了女性在劳动力市场上受限制，女性怀孕到一定时间就不能安排加班，用人单位用工成本加大，就可能导致老板从一开始就拒绝录用女工，这反而是害了妇女。我把这两个观点结合起来，简单地评说一下。第二位同学提的问题确实是有道理的，对女性劳动者的特殊照顾和保护确实是一把双刃剑。为了减少和解决女职工因生理特点给职业劳动带来的困难或不便，保护妇女健康，我国的劳动法律是禁止妇女下井挖煤的。《女职工劳动保护特别规定》不仅规定了产假，还规定了多种情形属于"女职工禁忌劳动范围"，除了前面说的"矿山井下作业"，还涉及在过于低温的冷水中作业、强度过大的劳动等。实践中，确有贫困女性主动要求下井挖煤的，因为下井挖煤的收入远远高于在地面上的劳动收入。可是，老板说不行，如果违反女性禁忌劳动的法律规定，用人单位会受到重罚，老板得不偿失，他不愿意。在职场上，女性与男性竞争时，很多时候，女性被淘汰就像石红梅老师说的，是因为老板考虑到用工成本，男性除了因生病停工外，可以一直工作。为保护女性身体健康，法律规定，女性在月经期依法不可以从事重体力或者特殊环境下的劳动。大家可以想象，每个成熟女性每个月都会来月经，可见，这条规定的影响是有多么大！福建省今年修订的《人口与计划生育条例》延长了产假，国务院规定的产假是98天，福建省将产假延长为158天到180天。从今年3月1号开始，在福建省工作的妇女产假可以休158天到180天，最长可以休息半年时间，而不是国务院规定的98天。就像老师刚才说的，去休产假而留下来的工作应由谁干呢？如果休产假的女职工只有一两个，可以找附近岗位或者同一个办公室的同事兼职承担，这也会涉及工作量计算和工资报酬问题；如果用人单位职工中女职工占多数，休产假的女职工多，问题就复杂了。工作量超负荷，有可能违反《劳动法》，因为劳动者有休息的权利；如果要员工加班，老板就应支付加倍薪酬，用工成本就会增加；如果雇用临时工，就会涉及签订劳动合同，要重新培训，也会导致用工成本增加。所以，男女平等不仅仅是政治问题、法律问题，而且是个经济问题，国家在推进男女平等进程中，如果没有合理的经济政策配套支持男女平等国策，那么，在贯彻男女平等的时候，肯定会遭遇各种各样的阻力，而这种阻力产生的不利后果往往会转移给女性劳动者。美国法律上，并没有针对女性劳动者实行特殊保护，美国法律上也没有产假制度。但是，这不意味着美国的女性劳动者就不受特殊保护，在大多数时候，美国女性可以休 10 个月带薪产假，虽然法律没有要求雇主这么做。这是企业的社会责任。这可能是社会发展阶段上的差异。大家都认识到女性生儿育女是为社会做贡献，并不是为了自己。我个人认为一定要在经济政策上考虑怎么样与男女平等匹配，要有配套的社会福利政策支持男女平等。我认识几对美国年轻夫妻，他们自己照顾孩子，早上爸爸起床做早餐、照顾孩子上学，下午，妈妈去接孩子回家。他们没有像我们国家常见的爷爷奶奶、外公外婆帮儿女照顾孙子女或外孙子女，因为有发达的幼儿服务系统。白天，若父母要上班，很小的幼儿就可以送到幼儿照护机构去，公立的这类机构收费低廉，居民能够承担；私立的这类机构收费比较高，收入高的家庭也能承担得起。咱们国家目前公立的幼儿托管服务很缺，只有达到上幼儿园年龄的幼童才能入幼儿园，更小的孩子只能由家庭自己照护。我再举一个例子。厦门几乎每年都会遇到台风，台风级别大到一定程度，中小学、幼儿园就要放"台风假"。这就立即产生一个问题，谁来照顾台风天不上学的孩子？因为单位没有放假呀！我的团队在厦门中山路上做随机访问，大多数受访者表示"当然是妈妈，孩子越小，越应该由妈妈照顾，爸爸怎么照顾得好呢？"果真如此，那么，在放"台风假"时，处于非常特殊时间，岗位对职工的要求是不是会更高？像咱们厦门大学，在台风来临时，教职工更应该坚守岗位上，特别是辅导员等从事直接服务学生工作的教职工，可是，她/他请假回家照顾小孩了，作为劳动者、岗位人，这时的表现肯定不优秀，无论男女，其在职业劳动中的竞争力就受到了不利影响，未来遇到职务晋升机会时，谁更有机会胜出呢？答案不言自明了。现实中，为家庭而牺牲职业发展机会的，通常是女性。从这个例子里，大家可以看到一个人承担的多重社会角色、肩负多种法律责任，有时必须作选择，必须有人付出代价或作出牺牲。作为母亲，妈妈回家去照顾孩子了，这是做得多么对的事呀；作为员工，她却本应留守岗位上。当然，男女平等规则下，男性也会遇到同样的两难选择。所以，公共政策应当更加合理地支持、进行匹配。我要强调，男女平等不是指能力相同，而是人格平等、价值等同，也包括机会平等。每个人的能力都是不同的，赵老师是院士、科学大家，我的能力肯定是望尘莫及。赵老师，我要向您学习！可是，作为人，我跟她是平等的，作为厦门大学教职工，我们俩是平等的。谢谢！

李兰英：　蒋老师从另外一个深刻角度讲了什么是平等，她的概念里，男女平等应该是人格上的平等，而不仅仅是能力、性别、工作上的平等，这为我们的平等观点注入了细节。在座的各位老师可能也有自己的理解。刚才袁老师在谈到二胎问题上欲言又止，您刚才听了蒋老师的这番话，我特别想问您是否赞成女性生孩子、男性老师放长假呢？谈谈您的见解。

袁东星： 刚才我问赵老师关于生二胎的事情，赵老师说以后干嘛要女的生二胎呢？她说弄一个人造子宫，到最后我顿时恍然大悟（笑声）。我原来以为赵老师会说人造子宫的事情。也就是说到最后没有性别了，大家觉得开心吗？好像还是不开心。所以女性生二胎，男性应该出钱出力，所以我赞成男性也应该要有产假，我们至少可以向对方所在单位讨要一些经济补偿。就刚才说到的男女平等问题，实际上我很有感触，我今天还真做了一些功课，我访问了一些数据，我想趁我还没忘记的时候跟大家说一下。我先访问了我们研究生院，今年招的研究生有多少人，男女比例如何？今年招的研究生是 4820 人，可能包括在座一些人。男女比例总体而言，女性占 52%，男性占 48%。硕士研究生和博士研究生有点不一样，硕士研究生女性占 54%，博士研究生女性占 41%。我不跟大家讨论，我就给大家提供数据。男性占比例最高的三个学院是哪三个呢？最高的是航空航天学院，第二名是能源学院，第三名是物理科学与技术学院。女性占比例最高的是哪三个学院呢？外文学院、马克思主义学院、新闻传播学院。接下来我问了本科生的数据，2007 年，我们学校还是男生比女生多；2008 年，女生超过男生，一路领先，今年仍然是这样，今年男生占 49.37%。同样，男生最多的学院是物理科学与技术学院、数学学院、信息科学与技术学院。我可以用这些数据佐证我刚才提出来的问题——科学有没有性别？它没有生理性别，没有 sex，但是它有社会性别，有 gender。所以我也呼吁在座的每个同学们要尊重自己的社会性别，这样可能会选择有利于你的学科去发展。当然我不是说男生去外文学院有什么不对，虽然女性可能在语言方面有一点优势。但是你想一想，如果周围全是女生，你是不是非常的拔尖？还是回到那句话，就整个群体而言，可能会有一些差异，但是这个差异并不大，但是从个体而言差异就非常大。也就是说，你是个女生，你不一定要听人家说的要选经济、会计、语言之类的，但是可以做一些其他的（工作）。接下来再说一下歧视的问题，事实上我觉得蒋老师刚才为什么会提到那些问题，就是因为明显有歧视，就是男女不平等。我们只能争取社会地位、经济地位尽可能平等，其他的免谈。你怎么可能让男女平等呢？就从自然环境上说，有个专业术语叫环境激素，其中，大部分是环境雌激素，从这个角度说，男女就不平等。我不能说环境雌激素对女性好，但是，至少对男性是不好的。我问一个问题，邹老师，如果您到海滩上看到女同胞涂防晒霜，您会说什么呢？（邹振东：很好啊。）您看到女同胞涂了一些口红，您会说什么呢？（邹振东：很好啊。）但是如果我告诉您说这些东西流到海里它就是一个环境雌激素，对男性有害，您说好不好呢？（邹振东：要改变。）我就说到这里为止。可能是大家问我的问题太少了，李老师这边又分配给我一个问题，这个问题比较通用，可能是男生提出的，也可能是女生提出的。大概意思是说这位同学是一个团支书，工作学习和社会活动都很忙，想问我怎样才能平衡这三者之间的关系呢？我想回答的是，你说的休闲、工作、学习三者平衡，这个休闲指的是什么休闲？如果说是谈恋爱，那我觉得你可以留一些时间出来，如果你的休闲只是为了打游戏、看电影，那我建议少一点。为什么呢？因为我觉得年轻的时候应该多一点辛苦，年轻的时候应该多一点奋斗。这样至少你以后在跟你的儿子女儿讲起故事来的时候，你会有故事。我跟我的研究生说，我不赞成你在实验室里加班、晚上十一二点甚至是通宵，我不赞成这么干。但是，你一定要做一两次，要干个通宵，这样，你就知道什么是通宵做实验。同样的，你喝酒喝醉了，你醉过一次就知道醉酒是什么感觉。所以，人生一定要有一些不一样的地方，一定会有一些让你值得记忆的地方。所以我觉得青春的时候，少一点休闲比较好。回到我原来那句话，不能定义不清，"休闲"是什么概念，我不知道。我们这种理工科脑袋跟文科人的脑子不太一样，文科讲究模糊的美感，我们讲究的是细节决定成败，你一定要告诉我：你的边界条件有哪些？你的定义在哪里。谢谢大家！

李兰英：　　谢谢袁老师。她用她生动的语言告诉我们文科与理科的区别，她的数据娓娓道来，那么精确，她回答同学们的问题反复在强调界定和概念，有这样一个前提才能得到精确的答案。这就是科学！我也注意到袁老师发言很注意互动，她不断在问邹老师一些问题，邹老师也非常诚恳地做出回答。我注意到袁老师有一句话我可逮住了，您说100个男性中就只有1个女性你不感到自豪吗？我想问问邹老师，在座的六位嘉宾只有一位男性，您觉得自豪吗？（邹振东：相当自豪。）所以，科学家的定论再次得到验证。接下来邹老师一直拿着麦克风，他有话要说。尽管我们女性比较多，这一次男士要优先，我知道石老师您也抢着要发言，这次咱们一定要表现出淑女的风范。把掌声送给邹老师，让他尽情地发言！

邹老师：　　我感到自豪并不是因为我是唯一的男嘉宾，而是因为我和这么多优秀女性坐在一起，所以相当自豪。刚才袁老师问我的问题，我回答了：要改变，改变历史的使命落到了理工科的女性和男性肩上。不要让女性的口红和防晒霜污染环境，这是理工科要解决的，因为美丽是需要的。我接到的两个问题，第一个问题是学生时代成绩好的大多数是女性，但是，为什么到了社会后，成功的多是男性？这是女性的选择还是社会的选择？

我想说这既有女性的选择，也有社会的选择，我更想提醒各位的是时代的选择。在我那个年代，成绩好的就是男生，我记得我读中文系的时候，80个学生中只有20来个女生，现在我指导的9个研究生却只有2个男生，还是好不容易"抢救"下来的。不考虑性别，可以9个全部是女生，这就是问题所在。我觉得我们今天忽略了一个重要问题，就是时代的变迁。我可以明确地告诉你们，现在成绩好的女生将来一定会成为社会的领导者，你们放心。现在的问题是，优秀的男生到哪里去了？非常难找。我自己生的是女儿，我经常非常悲观地说我这么辛辛苦苦地培养了这个女生，而那个男生有人培养吗？厦门大学很多教授生养的都是女儿，都是非常认真去培养。现在一个非常大的问题就是不匹配，就是我们觉得已经失衡了，只有少数学院是倒过来的。我觉得这是一个巨大隐患，可能比女职工哺乳期等等会更加深刻地影响这个社会。因为女职工哺乳期，我们可以用经济、政策和法律措施加以解决，我非常赞赏袁老师刚才说的。从传播的角度讲，劳动法做那样的规定，不是好法，甚至是恶法，因为它放弃了国家责任，把所有女性保护责任都推到企业身上，国家到哪里去了？事实上，造成了很多女职工就业上的不平等，扩大了这种不平等，而且没有考虑到男性员工集中的企业。我倒觉得可以考虑：只要女性生孩子，就由男性所在企业支付工资，这就解决问题了。如果是单身母亲，可以由国家支付。法律看似保护女职工，却造成了企业躲、跑，上有政策下有对策，企业说我不招女职工不可以吗？我觉得这些问题都可以通过法律层面来解决。更麻烦的问题是优秀男性的缺失，这个性别失衡是社会更大的悲哀。第二个同学提出的问题是每个人身上都有两性特色，那么为什么女性更容易释放男性特色，而男性却很难释放女性特色呢？这个真的很正常，女性释放男性特色显得很大方，男性释放女性特色就显得"娘娘腔"。这个在传播之中也是如此。我举个例子，我们可以拍《我的野蛮女友》，女演员可以一拳打在男生身上，你敢拍《我的野蛮男友》，男演员打女演员吗？我觉得这是性别平等中女性要运用的一个武器，这在传播中对女性是有用的、强势的，女性应该紧紧抓住这个武器。谢谢！

李兰英：　　　谢谢邹老师，我想利用主持人的便利条件回答邹老师一个问题，女性生孩子谁来负担，刚才说到两个方案，一个是由男性所在企业支付工资，另一个是由国家支付，国家为什么不在这方面投入一些呢？您真说对了，我想跟您说英国立法真有相关规定。我在英国留学的时候，对这个问题进行了一些研究，发现英国有这样一个规定，大概意思是说每一名女性在生完孩子之后，三年之内所有工作可以不做，而且是义务的，全部精力就是在家带孩子，并且在这三年当中，由国家给予所有的薪水待遇。每当我说到这些时，很多工作过的女工齐声欢呼，赞叹说这些国家为什么这么先进，我只能说国与国之间如果对孩子的定义与观念不同，它的结论就是不一样的。我以前也问过为什么有这样的福利和规定，得到的答案是：孩子是国家的。因为孩子是国家的，国家有义务去抚养孩子，母亲把孩子生下来、把孩子抚养成人是为国家做贡献。刚刚蒋老师也提到的，国家理所应当要给你相关待遇。蒋老师真的有国际的眼光和水准，这也涉及未来立法有没有这样一个趋势。接下来，向石老师提问的问题很多，她迫不及待地要抢话筒回答了，尤其是问您的问题大多都是生与不生的问题。让我们听一听石老师又有什么深刻的回应。请大家掌声送给她。

石红梅：　　　优秀男生到哪儿去了？我这里掌握一个数据，真的不是性别平等理念的快速发展，真的是女性的受教育程度在飞速提升。在1949年到2016年这段历史变迁中间，可以看到女孩受教育程度在不断提升。这个加速度使得女性中间优秀人才越来越多。于是，在这样一个层面上，女性在不断成长，男性也要有相应的成长速度来匹配。我看到网上很多人说女博士嫁不出去，我觉得不要着急，只是因为我们还没有等到配得上我们的那个人。在这个过程中，在中国，女性所受到的待遇主要就是家务和生育抚养两个问题。有的同学说生不生是我自己的事情，跟公司有什么关系，我只要是两个人有能力，他来了就是生命中该来的，关你们什么事？关企业什么事？我自己决定生和不生，跟公司无关、跟国家无关、跟政府无关。真的是这样吗？我们国家现在的总和生育率是1.04，世界平均水平是2.5，我们是世界上最低水平生育率了。一个国家能够持续往前推进，总和生育率应该是2.1。大家就明白了，为什么在2010年之后我们在非常非常短的时间内放开单独二胎政策，然后又全面放开二胎政策，这是一个人口结构的宏观问题。那么在企业中间，你生不生当然与企业的工作安排有关，比如邹老师的企业员工怀孕了，他可以用巧妙的方式、用智慧的方式让她们能够度过职业的成长期和瓶颈期，但是，不是所有企业都是这样的。这一定是多方面决定影响的过程。在生育过程中，有一个非常重要的问题是产假，有同学说其实根本不用那么长时间产假，两个月就够了，为什么要用20个月、180天、158天、98天，我没必要耽误那么长时间。我真的要为这位同学点个赞。为什么呢？因为在孩子抚养中间确实有个精细化抚养问题，我们怀孕就要保胎，保胎之后要生育，生育完要尽可能拖延产假的时间，事实上每当我们在精打细算这个产假的过程中间，都可能会给未来事业发展带来牵绊。所以，我也是非常忧虑，我们应该怎样去休产假，我非常同意男女方共同休产假，一起抚养这个孩子的观点。只要我们能够把家庭视为一个非常重要的单位，男性和女性承担共同的角色和义务，我觉得这个问题就可以共同克服和解决。谭忠老师就坐在下面，谭忠老师给我留下最深刻印象的就是关系到工作与家庭的平衡问题。有一次，我在下班之后问他："你怎么不回家啊？是不是你太太在做饭等您啊？"他说："不用，我在等我太太，我们一起去食堂吃饭，我们从来不刻意在家里吃饭，我要把她从家务中解放出来。"谭忠老师的做法让我记忆非常深刻。很多时候，我们会碰到家务劳动、生育养育这些问题，事实上是我们有时候看不过去，我们有时候看不开，吃食堂也没有什么不好，家里的卫生可以一个星期打扫一次，在这个过程中，我们自己的期待和调试是非常重要的。我的观点是，只要你是家庭中间平等的那一半，两个人共同分担、共同携手，那么，我们家庭和社会、国家共同成长，一定可以解决我们面对的这些困难，也就是说这个过程中社会、家庭、个人同时来推进这个系统工程的解决。

李兰英：　　石老师自问自答，回答得已经非常圆满了。我希望有机会邀请谭忠老师给我们所有男老师们做个报告，让大家知道，一定要让自己的妻子从家务中解放出来。我们看到蒋老师又收到很多提问卡，大家可能不知道，蒋老师也是国内劳动法和社会保障法专家，她讲话不仅引经据典，而且是引用各种法律条文。今天听这个领域的法学家论证，确实是机会难得。有请蒋老师！

蒋　月：　　谢谢主持人再给我一次说话机会。有同学问家务劳动社会化之后会不会造成人力资源非优化配置？家务劳动有专门人来做，会不会让更多女性进入家务劳动领域，造成职业隔离，从而造成人力资源配置非优化？我觉得这个属于择业问题。刚才袁老师说到很多父母在培养孩子的时候，性别观念是传统的，不是社会性别（Gender Equality）这种当代性别观——性别平等。孩子选择专业的时候，父母很容易想着或者倾向于女儿就应该选择偏文科，不要去学工科。找职业的时候，部分女性又想法找一个轻松的行业或职业来做。现在高等教育大众化很多年了，大众化以后的毕业生进入劳动力市场已经若干年了，许多女性受到了很好教育，可是，我们还没有看到女性在各行各业的职业发展中和男性齐头并进现象。大家都知道，在所有职业的高层，女性只占25%左右，所有行业的顶层75%以上都是男性，也就是说女性的职业发展层次比较低。原因是什么呢？我觉得有两个方面：其一，是观念，有相当一部分女性以做"小女人"为荣，如果丈夫经济条件很好，对太太说："明天起，你不用去上班了，那么辛苦，这点钱不赚了，我养你。"太太都会觉得好幸福啊。然而，如果把这个故事的角色做个互换，太太跟老公说："明天开始，你不用去赚钱了，那点钱我们看不上，我养你。"有多少男人会觉得幸福？几乎没有。这就是我们讲的在社会公共领域的追求有那么大的不同，有相当多女性对职业发展的追求有一定限度，热烈程度没有男性那么强。所以，可能在毕业若干年以后，例如大学毕业15年后同学聚会，同样本科同班同学中，会发现男生普遍比女生发展得好一些。其二，是社会发展的不平等、不平衡问题，女性不优秀吗？很优秀。但是，女性跟男性一样一天只有24小时，她把其中相当多的时间奉献给家庭、孩子和老人，所以，在职业发展中投入的时间和精力肯定就少了些，就失去了很多机会。这是职业发展中她主动放弃了机会，这些女性非常高尚、善良、无私，她们为家庭做了奉献。家务劳动是有市场价值的，这个价值非常大，就像赵老师说的，在厦门劳动力市场，雇一个家政工月工资最少要 4000 元钱，通常还要包吃包住，可见，在劳动力市场上，家务劳动的价值是很大的，许多本科毕业生的收入达不到这个水平，因为 4000 块钱加上包吃包住实际上是 6000 元左右的月收入了，超出大多数本科生初入职场的收入水平。但是，我们现在的家务劳动还没有社会化，家庭成员承担了家务劳动的，就没人发工资。这种情形下，家务劳动什么时候体现出价值呢？大多数时候，是在家庭共同生活中体现出家务劳动的价值。万一这对夫妻要离婚，夫妻共同财产平均分割，家务劳动的价值也会明显体现。假如这位妻子没有工作，无职业收入，丈夫十年收入 1000 万元，这 1000 万元应当平均分割，丈夫和妻子一人得一半，也就是说，丈夫收入中，包括了妻子的贡献。关于资源优化与不优化问题，我们看到五星级酒店、高档餐饮的行政总厨，几乎都是男性，女性是非常少担任的，这说明男性做这类工作同样是做得很好的。在家务劳动中，女性做得好是因为她投入了心血和时间，如果把这种工作作为一个职业，你可以看到顶尖的裁缝大多数是男性，顶尖的行政总厨也是男性，他们都做得很好。为什么男性在家庭中就做不好呢？是因为不够用心、不够投入。刚才石老师说的，男女共同、平等、相互尊重地处理家庭关系与职业关系，那么双方才会共同受益。女性不发展，男性也会受害的。像我们大学，如果女教职工不能像男性教职工那样齐头并进地向前发展，那我们学校的发展一定会受到影响。所以，应该发挥每一个人力资源的价值和优势。谢谢！

李兰英：　　　　蒋老师不愧是专家，出口成章，而且是长篇大论。我听到其中一个问题和袁老师略微有一点差别，袁老师意思是说从入学比例和学科发展分布看，她得到的结论是——其实男女还是有差别的，而且男生在某些学科有天然优势，女生在某些地方也有潜在动力。而蒋老师谈的是另外一个问题，她的意思是为什么大厨都是男性，为什么最好的服装设计师是男性呢？因为女性更多地投身于劳务之中，没有机会去攀登职业发展的高峰。我觉得这两个结论其实是有差异的，大家赞成谁的观点或者有哪些想进一步了解的，可以再次提问。大家看到赵老师这么年轻，是不是跟我一样颇有感慨呀？作为院士同样可以保持年轻态的。接下来，我问问赵老师，您出生于1949年，您那个时代有没有遇到过男女性别的挑战？我刚刚听您介绍，您家里是六兄弟姐妹，您是老大，除了因为从小背着他们，所以个子长得没他们高之外，唯独您成了院士，您是攀上了最高峰，如果不是因为您父母生养了六个子女，也未必能出这个院士，这是有概率的，对不对啊？所以为什么要生二胎？扩大人数的基数，扩大分母，分子优秀率就会提升，这是我刚刚听了专家发言的第一个感慨。第二个是石红梅老师不断在问当今社会女性隐形的翅膀怎么被束缚住的，一系列的问题。赵老师您生活的那个年代，赵老师从小生长在台湾，您那个时候更应该是凤毛麟角。所以，我请教您，今天石老师、蒋老师一直在强调妇女要平等，为什么呢？两位老师的观点中，透露着很多女性的翅膀是在不平等当中被折断的。赵老师您对此有何评论？您作为40年代的长辈，如何看待当今我们这代人的苦恼？有请赵老师！

赵玉芬：　李老师问得好。首先，从我自己成长的过程，我觉得不应该从小就说我是女孩或者男孩，这个看法是错的。第二个，不要说这个职业只能由男性来做。有人问我说是不是有些职业女孩是完全不可能去的？但是，我们看到宇航员有女性了，科学家、工程师也有女性了，没有一个职业是女性不能做的。第二个，关于"你是怎么成长的"，我就讲我这个例子。第一，要勤做家务事。我现在培养外孙女，一定要让她懂得参与生活。你是家庭的一分子，你要参与，你要贡献，你是生活的一分子，不要做饭来张口的人。从小要参与劳动，就爱劳动，不觉得苦。第二，我是非常信任老师的榜样作用。我为什么喜欢化学？因为教我理化的老师是一个女老师。所以女老师的榜样很重要。我没有说我是个女孩，对这个不感兴趣。老师很重要，要教我们所有学生对人生好奇，每一个人对周边的所有事情要有好奇心；要培养解决问题的能力。我从来不会说这个问题好像很难、不能解决，任何问题都是可以解决的。要有好奇心，并且解决问题，对于每一件小事，不要认为其小，我们培养孩子、培养学生，应该从很小的事情开始，让他参与、做主。碰到任何问题，不要说难，要努力去解决。人生就是解决问题。要解决问题，就要善于和所有人来往，兄弟姐妹、父母、邻居、老师等。第三，要承认事实，不要好高骛远，要脚踏实地，每天去解决自己的问题，不要推给别人，要善于请教所有人，同学老师那么多，你有问题时，为什么不去问？孔子说："三人行，必有我师焉。"为什么今天做学问都不问了？要问、要做、要解决。我到今天，就是好奇，碰到问题就正面去解决。不要小事不做，只想大事，勿以恶小而为之，勿以善小而不为。要以非常积极的态度对待人生，没有什么职业是女孩不能做的，不要限制自己，对什么都要保持好奇，文科的、理科的，都一样。我觉得母亲很重要，我们这边很多人都做了母亲。时代在进步，我们要采取很多科学知识来帮助我们的人生去完成梦想。没有性别差异，男女都一样，我们研究的是人的发展、人的梦想。

李兰英：　　谢谢赵老师，刚刚有同学在卡片中提到一个建议，说今天有几个关键词，前面谈到科学和性别，他们说给我们谈谈人生和梦想。赵老师还没等我传达同学的意愿，就已经讲了人生和梦想。赵老师有句话，我是特别赞同，大家有没有注意到，今年九月份中央电视台"大讲堂"节目邀请到清华大学一位年轻漂亮的女科学家叫颜宁，当她进入演播室时，大家的目光一下子侧目而视，撒贝宁开了个玩笑说"我觉得您的名字不应该叫颜宁，应该叫'颜值'"。颜宁反应很快，立马就说那这个名字送给你了。颜宁当时提到一个观点，和赵老师的观点是一样的，说你为什么要强调我是一名女科学家，科学家为什么要增加一个性别？这对我就是一个歧视。我觉得和赵老师刚才的说法有异曲同工之妙。科学家和工作人员不要强调男性、女性，如果强调男性女性本身就突出了潜在的歧视。这也是我刚刚听到诸位专家的发言之后的一点感受。接下来，我们把宝贵的时间交给两位嘉宾，时间上要平均地分配，我们把更多时间留给我们心目中的男神邹老师，大家欢迎！

邹振东：　　读几个提问卡。"邹教授，古时候，女人在家有丫鬟伺候，出门有仆人随从。谁要是说出去赚钱，那简直是打老公的脸，带坏门风。（把主持人都吓坏了？）这么优秀的传统文化现在居然丢了。请问这种优良传统还会有复兴的时候吗？"他还署了自己名字，留了电话号码。我明确告诉你：做梦去吧，你这辈子估计是看不到了。这第一个比较有趣。第二个问题是"可以不生孩子吗？"当然可以，这是你的权利，不过，你不要后悔。第三个问题我觉得可以深入下去，"在传播学中如何正确传播男女平等的价值观念，而且能够通过观念传播改变男权话语主导权的现状？女权主义的传播中为什么会出现污名化？"我刚才已经举了例子，这在传播中对女性是有利的。一个男性公开说女性的不好，是容易出现状况的。我刚刚举了野蛮女友的例子，女权主义的传播中为什么会出现污名化，我们可以举一个非常类似的例子，动物保护主义者拦车引起的舆论事件，舆论传播的效果没有在真正的保护动物更有利的方向，反而造成了更多困难。我现在觉得女权主义的传播中有点问题：第一，树敌太多。没有抓住女权真正得到诉求，这个社会中确实有非常多男权问题，性别不平等的点非常多，但是，女权在传播中眉毛胡子一把抓，什么都批评，这就没有形成有效的攻击目标，所以，结果最容易被女权主义攻击的两种人，一是非常恶劣的男权主义者；二反而是最可能同情女权主义的人。他一发声就被女权主义说骨子里还是男权主义者，最后，他就不再发声了。黑人要解放，需要白人觉醒，女性解放，也需要男性的觉醒。当你把男性一个个骂过去、一个个攻击过去的时候，也就是女权主义最孤独的时候。所以，女权主义要学会传播策略，你要把最能够改变妇女命运的、最让妇女难以忍受的，抓住核心的，先去攻击，扩大同盟军。我们都知道嘴炮是不可能消灭敌人的，舆论最主要的目的是争取朋友而不是打击敌人。特朗普说：要把希拉里送进监狱，你能做到吗？但是，你这么一说完，很多中间选民就跑掉了，他恰恰丢掉了朋友。所以，女权主义不是说你们表达了多少声音，代表了多少女性的声音，而是说你们争取了多少男性朋友的支持。这将是评价女权主义传播的最重要的一个尺度。如果声音越多、同盟军越少，恰恰是女权主义传播的失败。最后回答一个问题，提问者好像是来自北京的朋友。"邹老师，为什么会出现优秀男性缺失？如何改变这个现状？"我觉得非常简单，优秀男性的缺失就是过去对女性不平等造成的结果。女性觉得我必须更优秀才能争取这份资源，女性会更努力，而男性觉得他可以更容易获取资源。为什么几千年都是这样？因为以前限制了女性发展，现在开放了，女性可以读书，可以工作，也可以赚钱，在这样的情况下，男性在选择中弱化了。在这种情况下，特别是现在整个传播中出现了中性主义，一个女性越是妖艳，传播越糟糕；我觉得最红的女性偶像都是带有半男性化的，而且女性观众和粉丝非常强大，艺人红不红取决于女性。在这个情况下，这个传播策略对男性不利，整个传播中，我们发现英雄主义的缺失和情怀的缺失，我恰恰觉得我们社会还是要好好保护娱乐主义文化。我一直讲一个观点，一个人身无分文、妻离子散，他天天看焦点访谈，他想干啥？你去看二人转的人，第二天往往不会上访，看中国好声音的人不会自焚。所以，娱乐主义是有帮助的，但是，英雄主义缺失也同样值得注意，这一块我觉得可以通过文化激励措施和自然选择加以解决，我相信等到男性在就业中遇到麻烦，男性就可以第二次待产。谢谢！

李兰英：　　我相信在座的各位老师同学听了邹老师的话，和我一样都陷入了沉思。我听到邹老师的一个感悟，他说如果我们要宣传男女平等，那么不应该仅仅女性在摇旗呐喊，而应该由更多人达成共识，尤其希望有更多男同胞加入我们的队伍中。说到这儿，我想，邹老师说的话逐渐已经成为现实，我们在关注女性成长、就业、人生和梦想这样一个理想当中，有非常多的男性已经加入我们的队伍之中。在我们临进对话现场之前，詹心丽副校长提到：今年是厦门大学妇女／性别研究和培训基地成立十周年，我们已经产生了一系列的研究成果，当中有相当一部分出自几位著名的男教授和男性学者，他们给予了女性极大的关怀，而且为性别研究成果做出了很大贡献。让我们感谢邹老师的传播学为我们男女平等理念传播提供了重要思路。接下来，第二个问题，我在卡片上看到一个问题，本想把这个难题交给邹老师，但是，好像是我来回答更合适。这个卡片上的问题是："你们一直提倡男女平等，为什么今天这个对话，六位嘉宾当中只请了一位男性呢？是出于怎样的考虑？"这个问题真是点到穴位了。首先，实话实说吧，我也是被邀请的、被点将的。为什么六个人当中只有一位男嘉宾呢？说到这儿真的有点委屈，实言相告吧：就是台上的这位男嘉宾也差点来不了这个对话，什么原因呢？邹老师最初的推托辞："你们女性的庆祝活动让我参加干什么？另外一个理由就是他"今晚有课"；第三个原因是怕产生孤独感。大家想想看：连邹老师这么博学、开放、开明，对我们女性这么关怀的人，我们邀请他都颇费了点力气，可想而知！实话实说，如果今天这个论坛换成三男三女，也许格局、气氛会不一样。对现在的"五对一"的阵容，我有点小小的自卑感，什么意思呢？这就意味着我们五个女性的声音才能顶上一个男性的声音，这在某种意义上已经承认男性是无比强大的，是不是这样？……好在这是首届芙蓉湖畔对话，我建议，下次对话时，咱们邀请嘉宾的性别比会更合理，这才能体现出男女平等。时间过得很快，对话进行马上两个小时了。有请石老师做短暂的个人观点总结，大家欢迎！

石红梅：　　　　筵席总是要结束，可是，我们的沉思在继续。我想下一次对话时，我们女权主义与英雄主义的对话一定会更加丰满。在今天对话过程中，我想留给大家几句话：第一，在工作中，我们是人，我们不是女人，我们是同事，我们追求共同的事业。第二，在婚姻生活中间，我们不是攀缘的凌霄花，借对方的高枝来炫耀自己，我们的根紧握在一起，我们的叶伸向云端、融进天空,我们的枝条无比绽放,在阳光和雨露下尽情生长。第三,在个性追求过程中,我们要做"女神",我们有独立的人格,独立的思考,理性与感性并具,我们要拒绝"女王范",拒绝市场的逻辑带给我们无穷的牵绊。第四,在整个人生的发展过程中,女生能学好理科,在专业选择过程中,我们可以破除隐性的障碍和观念,我们可以飞翔,我们可以在共识和差异中间共同插上梦想的翅膀,让我们一来创造更加美好和谐的世界,男性与女性一起在生命和世界温暖的进程中竞相绽放。让我们期待下次芙蓉花开。谢谢大家。

李兰英:　　石老师充满诗情画意的演讲让我们后面的发言者稍有压力。有请蒋老师,您可以用法律语言精准概括。

蒋　月:　　谢谢。我跟大家分享几点认识。第一,人和人之间平等是文明人的基本素养,无论你是男性或女性,都应该是一样的。第二,男女应该相互尊重、相互理解。虽然男女有生理上的性别差异,女性和男性胸前都有同样的器官,但是男性胸前的器官基本上是没有什么功能的。所以,虽然男女做不一样的事情,但是我们是同值的,应该互相尊重。第三,我们现阶段遇到的问题在这个社会发展阶段上不见得统统都能克服掉,但是,每一个人都有公民责任,每个人对那些违背法律平等要求的歧视行为都有权利说不,都应该有责任采取行动加以阻止。最后,我要说的,男性和女性都应该不断完善自我,我们都要尽量做更好的自己,建设更好的家庭、学校、国家和社会。谢谢!

李兰英:　　谢谢蒋老师,精辟。有请赵老师!

赵玉芬:　　今天很感谢论坛给我这个机会。就一句话,我们都要感谢我们自己的母亲。没有母亲，我们会在这个社会上吗？要感谢她们，让我们来到这个世界上。就这一句话，大家就知道我们这个命题。谢谢大家！

李兰英：　　赵老师一语道破天机。有请袁老师做小结发言。

袁东星：　　我还是回答刚才老师们提出的问题。优秀的男性到哪里去了？我用数据来说话。我们学校也算是象牙塔吧，应该也比较优秀。我们的女教师、女职工占全校教职工比例是 45%，我们的专任教师占 30% 到 35%，女教授占 20%，女博导占 10%，它们说明了什么，邹老师？希望这个慢慢能够扯平。接下来，要给大家留几句话，第一句话，我刚才听了石红梅老师慷慨激昂的发言，我有一句话跟她非常类似，但是，作为理工科的女性，我讲得比较平铺直叙。也就是说，在工作中，你不要记得你是女性；在生活中，请一定要记得你是女性。第二句话是我写给我们学院女性的一段话中间最重要的一句，也就是给诸位女性朋友们共勉的。作为一个女性，你要成功当然是要付出更大努力，所以应该"四自一体"，就是要自信、自立、自尊、自律。简单解读一下，自信是你要相信自己能够做得和男性一样好，可能自信不一定会成功，但是没有自信一定不会成功。自立是你要有本事，想一想，我们女性生来并不比男性差，为什么越往高层走女性越少呢？这需要付出很大的努力。刚才石红梅老师讲的，我也是这么说的。刚才有的同学说为什么产假要 180 天，60 天就解决问题了。我自己当年是 28 天就解决产假，还在月子里就去北京答辩了。这是自立，你一定要有拿得出手的本事。第三个是自尊，女性的风情有万种，但是其中的定律只有一条，也就是说你要尊重你自己，才能得到别人的尊重，如果你举止粗俗、矫揉造作，肯定不会为正直的人所看上。自律是说你要遵从女性的规范，作为自己的管理者。谢谢大家！

李兰英：　　谢谢袁老师。邹老师压轴了，你们看，他站起来讲话了。

邹振东：　　首先要回应一下袁老师的数据，现在厦门大学教授、博导男女失衡是 30 年前我们读书时男女性别比的回应，当年我们读书时候，80 个学生中，就只有 20 个女生。现在男女生比例改变了，可以预见 20 年、30 年之后，将改变未来教授、博导的性别比例。今天收到这么多问题卡，很抱歉，因为时间关系，我只能回答一两个。我还是挑一个来念："邹教授，台上五个女教授，你最喜欢哪一个？如果非要选一个，你选谁？说实话。"说实话，你很坏，你在挖坑。我无论回答什么，我今天都离不开这个会场。所以你说如果非要选一个你选谁，说实话如果我非要选五个，可以吗？不可以吗？如果你要最后的答案，我就告诉你我喜欢女教授，可以吗？最后，归纳一下我的观点。传播可以改变世界，传播也可以改变人生。所有的关于歧视的、解放的，都是传播先行，我们性别平等这场运动从传播开始。谢谢！

李兰英：　　哈哈，邹老师的讲话风趣幽默深刻！时间过得非常快，到了我做总结的时候了。我刚刚提到，这次关于"性别与科学"的论坛仅仅是个开端，这是我们厦门大学的首期"芙蓉湖畔对话"。据我所知，全国范围内能够针对性别问题举行跨界对话的，目前我们是第一家。所以，今天的论坛无论怎么进行，我们都是开拓者，是成功者。在这样一个场合，我非常感谢提出这个创意和积极筹备对话活动的各位老师，校工会、校团委和校妇女委员会等等单位是幕后英雄。接近尾声，要做个总结也是非常困难的，因为每位嘉宾站在不同角度，都有不同思考，都有精辟论述，如果我赞成谁或不赞成谁，岂不都是自挖坑往里面跳嘛。习近平总书记出席全球妇女峰会时，在开幕式上发表题为《促进妇女全面发展　共建共享美好世界》的重要讲话，让我们重温其中一段精彩的论述："妇女是物质文明和精神文明的创造者，是推动社会发展和进步的重要力量。没有妇女，就没有人类，没有妇女，就没有社会。"这段话高度赞誉了妇女在古往今来的社会发展中起到的重要作用。刚刚邹教授提到，现在的数据表明女性博导、教授占的比例很低，这并不代表未来我们也是这样一个同样的比例，恰恰是当一个群体在一段时间沉没之后，它反击的能力会变得更加强大。所以，我们看到未来几十年当中，女性和男性的比例不会用数据来证明什么问题，未来更应该像蒋老师、石老师、赵老师所言：性别的界定在有些场合是可以充当鲜明角色，产生差异的。譬如，生活中的女性要温柔，要温馨，要暖到他人，要有家的感觉；而工作中的女性要保持一种与男性同样饱满的精神，要同样展现能力，挖掘我们的潜力，只有这样，社会才能有更高更好的发展。

　　今天各位嘉宾奉献了他们非常智慧、非常专业、能够带来启迪的思想，我提议大家以热烈的掌声感谢我们今天各位嘉宾精彩的演讲，谢谢各位嘉宾！我们现在看到，已经有几位礼仪小姐站在旁边了，是不是会有神秘的嘉宾安排一个特殊的仪式？有请我们校领导步入台上与我们的几位嘉宾合影……哦，还有一个神秘的安排，我们看到，主办方准备了一个非常精致的奖牌，有请我们校领导上台为我们颁发纪念奖。（掌声）现在上台颁奖的是詹心丽副校长和赖虹凯副书记，在这个关键的时刻，此处应该有掌声，我们没有获奖音乐，大家的掌声就是我们的背景音乐。（掌声）谢谢大家！我们也非常荣幸地邀请第一排的各位领导和重要的嘉宾上来与我们合影。 好吗？同样希望大家掌声送给今天一直坚持全程聆听我们论坛内容的各位机关领导和各学院的老师们，掌声有请各位老师，请你们上来加盟到我们的队伍中！当然，我更忘不了感谢今天能够来到现场的各位同学们，我仔细看了看，今天的到场率男生、女生各占一半，达到了我们数量上的男女平等，谢谢你们！

期待下次的芙蓉湖畔对话，再见！

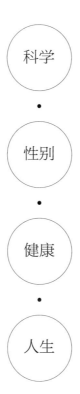

科学

·

性别

·

健康

·

人生

第二期

芙蓉湖畔对话

嘉　宾／厦门大学医学院副院长王彦晖教授、

　　　　　厦门大学医学院副院长、教授　**齐忠权**

　　　　　厦门大学公共卫生学院教授　**方　亚**

　　　　　厦门大学体育教学部副教授　**赵秋爽**

　　　　　厦门大学心理咨询与教育中心副主任、副教授　**赖丹凤**

主持人／厦门大学法学院教授兼厦门大学妇女委员会主任　**蒋　月**

时　间／2017 年 3 月 31 号 19：00~21：00

地　点／厦门大学科艺中心音乐厅举行

蒋　月：　　　非常感谢艺术学院同学们精彩的琵琶演奏！

亲爱的老师，亲爱的同学，各位朋友，晚上好！非常欢迎各位来到"芙蓉湖畔对话"的现场。这是第二期"芙蓉湖畔对话"，今晚的主题是：科学·性别·健康·人生。我是蒋月，是今天晚上对话的主持人，一个主持界的非知名人士。健康是我们每个人的终身大事，健康是社会的重大关切，"健康中国"已经成为咱们国家的国家战略。为了更好地传播科学的健康知识，倡导健康文明的生活方式，交流分享有关健康的心得和思考，维护和促进厦门大学全体师生员工的身心健康，厦门大学工会、厦门大学妇女委员会、厦门大学团委、厦门大学妇女性别研究与培训基地四家单位联合主办了今天晚上的活动。我提议大家用热烈掌声欢迎今晚的嘉宾入席！

非常欢迎并感谢各位老师百忙中抽出时间来参与这场对话活动。请允许我向各位简要地介绍嘉宾老师。从我右侧开始吧：

赵秋爽老师！赵老师是厦门大学体育教学部副教授、博士，蹦床国际级裁判，健美操、啦啦操的国家高级裁判，欢迎赵老师！

第二位嘉宾是方亚老师，欢迎您！方亚老师是医学博士，厦门大学公共卫生学院教授、博士生导师，她的研究方向是统计学方法及其在卫生领域的应用，老龄化、慢性病流行病学、健康管理与经济政策，感谢您！请坐。

　　这位是王彦晖老师，王老师是厦门大学医学院中医学教授、副院长，享有国务院津贴，世界中医药学会联合会舌象研究专业委员会会长。"舌"，不是一条蛇的"蛇"，而是咱们每个人嘴巴里挺会动的那个家伙，舌头的"舌"。王老师还是中国教育指导委员会委员，他专长于中医诊断学、温病学、内科学、养生学的理论和临床工作，欢迎您！请坐！

　　好，我左侧的这位嘉宾是齐忠权教授。齐老师，欢迎您！您请坐！齐老师是医学博士，现任厦门大学医学院副院长、教授，厦门大学器官移植研究所所长，国务院海外专家咨询委员。他专长于干细胞、组织工程、动物克隆技术对异种移植等方面的研究和探索，是国家科技部973干细胞项目的终审专家，欢迎您！谢谢！请坐！

　　我最右边的嘉宾是赖丹凤老师，她是今晚上台上所在人中最年轻者。欢迎您，请坐！赖老师是心理学博士，国家二级心理咨询师，现任厦门大学心理咨询与教育中心副主任，副教授，厦门市心理咨询协会副会长，非常年轻有为，谢谢！

　　今天晚上的对话将围绕科学、性别、健康、人生这四个关键词展开。我先提几个问题：健康应该怎样理解？健康是否存在性别差异？我们都应该怎么样来维护健康？假如遇到了健康方面的困扰，应该怎么办？我相信，各位听众老师和同学跟我一样，都极有兴趣听听专家们针对这几个问题有哪些观点。请各位专家为我们指点迷津。那么，咱们现在开始，从右到左，我请各位老师每人用五分钟时间简要地向大家介绍关于这个主题之下，您的主要观点，好吗？谢谢！赵老师，您先请！

赵秋爽：　　很高兴今天跟各位在一起共同探讨健康、性别、科学。作为体育人士，我提倡的健康应该是科学锻炼、合理饮食、良好的情绪释放与解压。同时呢，能够培养良好的健康生活方式，具有良好的社会适应性。大家可能听出来了，我今天嗓子有点哑，因为我感冒生病了，所以呢，我今天是不健康的人在谈健康，啊，有点尴尬，呵呵。我的理解呢，现在的社会，整个生产力发达，那要求我们物质文明、物质文化都相应的更加现代。这给我们提出什么任务了呢？现在，慢性病增多，慢性病已经是引起或造成我们健康方面的第一大"杀手"，85%比例的死亡源于慢性病。而运动呢，正是缓解慢性病的一种比较好的方式，也是一种良好的化解方式。我们可以通过运动来诠释或者让我们的身体更健康，也树立更好的、健全的人格。男生经常会讲我要成为"男神"，女生想成为"妖精"，那么，如何才能具有 A4 腰？如何才能够拥有"倒三角"型的强健体型？通过锻炼，可以让我们的形体得到更好完善，同时，也更好地完善我们的人格。大家都知道，有很多项目是要通过团队合作来完成的，那么，在团队的合作过程当中，可以让我们更好地与人沟通，建立起良好的社会适应性。同时，通过对身体进行适度的强度锻炼，有助于释放压力，使我们心理更加强健，意志更加坚定，所以呢，经常运动的人，我们会见到他/她脸上总是洋溢着快乐的笑容。因为运动会产生多巴胺和内啡肽，让我们的情绪非常快乐。所以，运动后的人，可以看到他/她除了身上的汗水以外，还有个快乐的笑容，这大概就是我诠释的健康。健康是男女都需要的，是不分性别的，无论是，男人、女人，也无论是男强者还是女强人都需要的，希望我们在座的各位个个都能够重视健康，让运动都走入我们的生活，成为我们生活方式的一个部分。谢谢大家！

蒋　月：　　　谢谢！我的健康由运动做主。赵老师讲得极好。下面，有请方亚老师给我们介绍她的高见。方老师是预防医学专家，请您给我们讲讲您关于健康、性别、科学、人生这方面的认识，谢谢！

方　亚： 好的。各位老师，各位同学，大家晚上好！非常高兴能够在这里跟大家一起探讨健康与人生这个话题。我首先想提两个小问题：第一个问题，人的一生中最大的财富是什么？大家肯定会说"健康"呀，缺什么都不能缺"健康"。第二个问题，世界上什么样的床是最贵的？（沉默 2 秒）病床是最贵的，所以我们有什么，就不能有病。维护我们的健康，远离疾病、远离病床。那么，我们应该怎么样来维护自己的健康呢？在这里，我想用三个关键词来讲我的观点。第一个关键词是"健康"，第二个是"预防"，第三个是"管理"。我们自己要知道"什么是健康"。健康不仅仅是身体上没有疾病，它还有心理、精神上面的，还有社会的适应方面，都要处于一个完好状态，这个健康是我们每个人追求的，这样一个目标也是永恒的话题。从人一出生，每一个新生命的诞生，我们最大的祝福也是要祝福他/她健康；到人的老年时期呢，我们也是希望他/她能够健康长寿，也就是说，在一个人的全生命周期里面，都是期望健康，健康，再健康。这个健康，是我们的一个期望。但是，健康也受到很多因素的影响。比方说，我们的健康受到了遗传因素影响、环境因素的影响，还有我们行为的影响，尤其是现在城市化、工业化、老龄化，还有疾病谱的变化，我们生活环境的变化，以及我们生活方式的变化，都给我们的健康带来了很大威胁，以致我们现在很多人是处在一个"亚健康"状态，这个比例达到了 70%。

更为可怕的，就是刚才赵老师提到的"慢性病"。目前，慢病实际上呈"井喷式"爆发了。所以，在我们国家，现在是一个非常非常紧迫的公共卫生问题。慢性病，我们称它为"生活方式病"，它的原因里面有 60% 是来自生活方式的，是源自生活方式的，说它是"生活方式病"，那么，它应该是可以预防的。疾病预防就是我们预防医学任务中的一个非常大的责任和义务。预防，主要就是以人群为研究对象，然后呢，进行环境与健康之间关系的研究，从而制定一些相应的公共卫生政策，并采取一些有关措施，最终保证我们人民拥有健康。那么，我们的预防主要有三级预防：一是病因的预防；二是疾病的"三早"预防；三是临床预防，通过预防，可以维护我们的健康。实际上，我们现在的医疗手段越来越发达，越来越高端了，但是，再高端的医疗技术也不能保证我们每个人不得病，也不能保证我们得病以后，经过治疗了以后，每个人都能够完全康复。所以，我们不要被动地依赖，不要被动地依赖这个诊断和治疗，而是要主动来进行健康管理。

健康管理，主要就是自我管理。怎么做到自我管理呢？第一，是提高自己的健康素养。这也是最重要的。目前，我们国家也非常重视健康素养，包括现在要建设一个健康医疗大数据的开放大学，要对老百姓进行一些健康教育，我们每个人要自己主动去获取一些知识来提高自己的素养。在 2015 年，我们国家出台了《中国公民健康素养 66 条》，它就是以预防的理念，希望每一个人能够达到相应的一个健康素养和水平，这里面包含了健康的基本知识和理念，还有健康的生活方式和行为，还有基本技能。在 2015 年报告里面提到，我们国家的健康素养水平仅仅只有 9.48%，这是什么意思呢？也就是 10 个人里面，只有 1 个人他 / 她的健康素养达到一个基本水平。这个报告还说到了高血压的患者中，只有 40% 的人知道自己是高血压患者。那么，糖尿病患者呢，有 70% 的人是不知道自己患病了的。这是一个非常严重的情况，更不用说他们的控制率，还有他们的治疗率了。对于慢病，实际上是要通过提高我们的健康素养来加以预防和控制。第二，是培养健康的生活方式。关于健康生活方式，我们可用 16 个字来概括，就是：平衡膳食、适度运动、戒烟限酒、心理平衡。这是属于我们的 16 个字，大家都应该知道，更重要的，是要行动起来并坚持下去。我们每个人都要对自己的健康负责任，每个人自身是健康的第一责任人。只有把自己的健康维护好了，我们的国家各个方面才会发展和不断壮大。《"健康中国 2030 年"规划纲要》里面说到了要"以提高人民的健康为核心，将健康融入所有的政策"，所以，不管是发展经济还是改善民生环境各个方面，都需要把健康融入相关政策中。在去年的全国卫生与健康大会上，习近平总书记提出要把人民的健康放在优先发展的一个战略地位，没有全民健康，就没有全面小康。所以说，我们每个人要从自己做起，要珍惜生命，重视健康。我最后想说的是，要从预防角度进行自我管理，让我们的健康由我们自己做主，谢谢大家！

蒋　月：　　　谢谢方老师，方老师刚才讲的，让我们大家非常受益。拥有健康理念的人只有 9.48%，希望在场的各位都是其中的一员哈。等会儿，这个对话结束以后，我要悄悄地问问方亚老师，我算不算是 9.48% 里头的人之一。谢谢方老师！下面有请王**彦晖**老师来阐述他关于这个主题的核心观点。有请！

王彦晖：　　　到今天为止，我来厦门大学工作已经 34 年了，从 1983 年到今天。对于中医的学习，开始时，我实际上也是不大相信的；到现在呢，觉得已经基本上搞清楚问题了。对大家来讲，中医学都是健康非常重要的部分。我们非常幸运，厦大人很幸运，因为有中医，又有西医，那么，中国人也非常幸运。对于保障健康来说，如果少了中医，绝对是非常缺憾的。就我的临床经验看，绝大多数疾病如果能够得到中西医的有效治疗，得这个病你该看中医的，就看中医；该看西医的，就看西医，疗效都是非常好的。所以，回过头来，我要谈一个问题，就是，中医到底是什么东西？我想，到了开始可以讲一些话的时候。

中医学呢，实际上它的一个核心问题，第一个字应该就是辨证实施的"证"。"证"是什么？现在，这个"证"基本上是搞清楚了的。"证"实际上是一种状态，一种什么状态呢？比如说，现在，我们在这个房子里面，那么，在座各位的每一个人呢类似于身上的每一个细胞，这个房间里面的温度太高或太低，都会让我们感到舒服或者不舒服，对吧？温度高到一定程度，可能就有一些人要生病了；低到一定程度，也是这样。氧气的浓度，二氧化碳的浓度呢？湿度呢？道理也相同。所以，中医特别强调，要学中医关键是四个字：寒热虚实。寒热呢，就相当于温度的高与低；虚实呢，讲的是某种东西的太多或者太少。那么，里面最关键有两种物质，一个叫"气"，"气"太多了或者太少，就像这里面的氧气，太多了或者太少了，我们就会舒服或者不舒服。另外一个就是"津液"，就相当于湿度，这里面的水分太多或太少，人都会不舒服。好，这些是所有的切入点。刚才方亚老师讲到保持健康这个层面上，实际上，预防永远是第一位的。那么，中医学是怎么预防呢？很多人吃一点绿豆来预防，吃冬虫夏草来预防，吃枸杞来预防，还有吃灵芝来预防的。那么，到底应该吃什么？关键要搞清楚你要吃什么，也就是这个"症"，就是说你的状态需要什么？比如说，你太热了，你的温度太高了，你就要吃一点清凉的，把温度降低一点，你就舒服了。假如人得病的话，你（温度）降下来，病也会好一点。那么冷呢，就反之了，如果身体太寒冷，你就加一点热的，所谓温补或者喝一点姜汤。比如说，最典型的感冒，如果热性的感冒，你吃一点凉的，然后，你感冒就会好一点，对吧？如果是寒性的呢，你吃一点姜汤，他就会感觉好一点。

昨晚我跟朋友一起喝酒时，有个朋友的声音说不出话来，然后，我们喝茅台，我劝他说，你喝嘛，没事的。因为我看他舌头是淡的，我说喝到差不多，你喉咙就好了。果然喝了一个多小时以后，他的声音就恢复了70%。我告诉他说，"我是看你这舌头是淡的，才建议你喝；如果你这舌头是红的，你现在就够呛了，喉咙就痛死了"。所以，这个就是中医干的事情。就一个人喉咙痛，那中西医怎么看问题呢？我们中医的看法是说，这个人熬夜了，对不对？然后，身体上火了，这个火呢从喉咙冒出来，那么，这可能是个经常喉咙痛的人。有的人不一定的，比如说，这个人不是经常喉咙痛，上火，他的经常病变位置可能是痔疮，可能痔疮就发作了，对不对？有的人就是喉咙痛，有的人是痔疮，还有的人是牙齿出血，这是我们看到的。我们是关注他身体上火，所以治疗手段就是泻火。那么，西医看来呢，喉咙痛就是细菌或者病毒喽，找出来，把它杀掉，这个病也能好。殊途同归，路径不一样，但结果是一样的，病好了。所以，从防病来看，养生之道上面，吃什么东西养生，关键要搞清楚，你缺什么？否则，就是什么也不要吃是最好的，就是一般饮食就好了。我非常反对大家吃一点什么中药来养生，家里随便弄一点东西乱吃，基本上是错的概率要大的多。中医早就有一句话叫做：有病不医，常得中医，这是在西汉的一本《汉书·艺文志》里面讲的。有病不医，常得中医，就是有病不去找医生看呢，等于找了一个中等水平的医生，我当医生当久了，对于这一点，我是深信不疑的。这是在预防上面，我们是这样做的。

在中华文化里面，预防是非常博大精深的，有一块大概是预防医学里面所讲的，合理饮食啊，适当运动啊，充足睡眠啊。实际上，它还有另外一些道道，比如说，一些内家拳练气的，跟体育这些比较有关的，像我们体育教学部林建华老师，他是练得非常好的，我非常羡慕他在这一块养生方面。

在治病上面呢，中医学跟西医学是高度互补的。我一定提倡，今天也是这个调调，就是：西医搞不定的，找中医；中医搞不定的，找西医。然后，看病一定要中西医都看，因为它（们）看的角度是不同的。有一些病呢，是西医擅长的；有一些病，是中医擅长的。比如说，我曾经治过一个病人，厦门某个机关的一名公务人员，他患的是自身免疫性的肝炎，自免肝，在西医里面，对，这是齐院长的专长，要采用器官移植，就是把肝脏切掉，再换一个，为什么呢，它是免疫系统乱了，去攻击自己的肝脏，西医里面就要用这个治疗方法。可是，找我治疗时，患者吃了一段时间的中药，就彻底好了，他到现在还是好好地活着。你看，好像中医很神，实际上是很简单的事情，为什么呢？照我看来，他就是睡眠不足，肝易上火，身体热了，那么，热了以后，免疫系统会自己攻击自己。很简单，免疫系统相当于身体里面那些警察，某一些警察身体比较弱，如果这个房间里面温度太高，他的头就发疯啦，把好人当坏人干掉，对吧。按西医的办法，是用这个免疫制剂，使用激素，把这些警察杀了，把警察干掉。那么，我们中医的办法是把温度降下来，他头脑就清楚了，OK，他又能区分清楚好人和坏人了。所以，是一定要中西医结合的。我个人还要特别推崇中医药，有几个病，是一定要找中医看的，例如，痛经，如果时间只有几个月的，中医的治愈率接近百分之百；如果持续时间久了，患者痛经几年了，治疗就很难。偏头痛，中医疗效是非常好的。癌症，中早期的癌症，一定是要中西医结合治疗，疗效一定非常好。过敏性鼻炎，这些中医才有办法的，对吧。哮喘，世界还有哮喘日，我都觉得挺好玩的，因为我们治疗的哮喘差不多都好了，为什么呢，因为哮喘，它有发作性的，你把体质调好了，它就不发作了，它就好了，就那么简单的事。有一些事情呢，西医看起来很简单，中医看起来就复杂，所以呢，刚好中西医是高度互补的，我是觉得这两者是手跟脚的关系。回到刚才的那个话，这是我们周恩来总理讲过的：西医好，中医好，中西结合最好。谢谢！

蒋　月：　　　谢谢王老师的精彩分享！为我们讲解了许多医学知识。我刚琢磨到底什么时候该看中医，什么时候该看西医，王老师说：该看中医就看中医，该看西医就看西医，最好什么病都西医看看、中医也看看。我觉得，如果患者都懂得这一点，医院的医生就要更辛苦了。接下来，有请齐忠权老师为我们讲一讲他对这个主题的观点，谢谢！有请齐老师。

齐忠权：　　　谢谢主持人，大家晚上好！我非常高兴咱们学校今天有这么多领导来，他们坐在下面，工会等单位非常重视这个事情。健康人生非常重要，刚才呢，有的嘉宾讲要甩开腿，有的专家讲了应该管住嘴，还有嘉宾说要适当的中医调理。我本人是1984年大学毕业就开始当医生，先在哈尔滨医科大学，然后，出国了，在瑞典当了13年医生。回国后，因为厦门没有器官移植的资质，所以，我这个人就从一个外科医生升华为一个医学科学家。我可以通过对比欧洲和亚洲不同的文化，结合我本人的丰富经历，给大家讲讲对人生、对健康、对疾病、对死亡的这些基本概念的理解。这些概念中，健康是首要的，其中最重要的，我认为还是心情。一个人的心情非常非常重要。在座的各位同学们，各位老师，我们赶上了伟大的时代，应该感到欣慰、高兴。如果人高兴，他/她的免疫系统就非常旺盛，就是，这个正气就存内，中医讲邪不可干。在欧洲的十几年时间里，我作了对比，北欧，生产力非常发达，生活环境非常好，社会福利也非常好，人们的营养也很好，社会是民主社会主义，和咱们中国的社会意识形态接近，中国是社会主义初级阶段。咱们在座也有很多专家，我今天不讲社会意识形态。在北欧和中国这两种不同的社会里，人们对于健康、死亡，对疾病的认识，是不同的。这两个社会里，医疗体制也是不同的。

我回来以后，我作为国务院咨询委员，对于国内的医改，每年我都有建言的。我们回顾一下，中国在六十年代，在座的前排，有好多位领导，我们年龄都差不多，我记着在六七十年代的时候，毛泽东提出"发展体育运动、增强人民体质"。在那个年代，我们还有赤脚医生，中国用了不到2%的GDP解决了人们的基本健康问题，我只能说谈基本健康问题。实际上，我们是有很多好经验的，包括当时的三级医疗网，这些好东西被欧洲学去了。我在欧洲的十几年，体会到，尤其是回国，加上这十一年的对比，我感觉到，欧洲的西、北欧和不发达的东南欧都学习了很多中国经验。当时的WHO（世界卫生组织）把中国经验作为一种成功经验，在全世界推广，因为当时的barefoot doctor（赤脚医生），包括中国的三级医疗网。回国后，我一看，我们的GDP发展了，经济发展速度很快。大的医院，厦门中山医院也好，厦门第一医院也好，都用滚梯往上运送患者了，患者越来越多，这是一。再有，没有三级医疗网了，这个网破了。所以说，老百姓的抱怨越来越大。同时，人们吃好了，但是，我们在预防方面做得不够，我没有批评的意思，但情况确实是这样。你们知道吗，我国现在有1亿多糖尿病患者，血糖增高，而且临床是确切诊断糖尿病在中国超过 1 亿人，这个损失是非常大的。在这里边，我觉着，谈疾病也好，健康也好，人生也好，健康很重要的，我们的医改要能成功的话，还得有计划性，不能完全把市场经济引入医学领域，包括医疗，那是完全不对的。因为过日子，得把家人的健康问题，国家作为家长要负责，肯定是这样。就是在西北欧，都没有开放那么多私立医院！在这方面的话，我每年都给国家建言。

在国外，特别是在北欧，人们养成了良好的健身习惯。很多富人不会开豪华车，也不会整天开车，他们走路。我导师每次来中国，他首先要问、要看这个宾馆有没有健身的地方，没有健身的地方，他就不住。另一个方面是外饮食，西餐本身就简单，暴饮暴食、大吃大喝的人也确实少。中国改革开放成功了，这四十年富裕起来了，但是，我们也吃出了太多病人。对于代谢性疾病，管住嘴是非常重要的。实际上，吃啥好，吃鲍鱼好还是吃新鲜蔬菜好？就是新鲜的蔬菜、水果，平衡的饮食，不偏食，一个人的基本营养就够了。在座的每一个人都营养过剩。你要想健康一点，每餐大概六七分饱就可以了。过了 50 岁的人，每天要坚持运动，年轻的孩子当然就更应该运动，这是我对健康的认识。不同文化对于疾病的认识也不同。咱们中国人非常恐惧疾病。把钱仅仅花在治疗上，却没有把钱花在预防上，这么做绝对是得不偿失。现在欧美的很多保险公司，不是说我去治疗疾病，下多少个心导管，能抢救多少个病人，他们是为了买预防。把国家保险用于医保，投入健康上，我把健康买来，然后我去预防，不让自己得病。实际上，我们不要老把医院、医生当成圣人，实际上，能够治愈的疾病是很少的，大多数情况下，我们医生对患者只是个帮助，这个基本概念要有。

要让人们正确对待疾病，正确对待死亡。有人说我爸爸好好地进医院的，到了医院，怎么就死了呢？这个说法是不对的，因为他肯定是不舒服了，至少是已经有了疾病的前兆，才到医院来的。他死在街上是不对的，像是死在电影院这种情况是很少见的，所以，医院就是死人的地方。这个观念，一定要宣传。我本人是器官移植医生，器官衰竭的时候，我们可以换器官，但是，没有那么多的器官。回国以后，我的科研主要是在器官领域，我还拿到了国家重大课题。目前，有人很希望返老还童，在座的人中有没有这么希望的？人们研究干细胞。在干细胞研究上，我是国家重大项目的终审专家，我每年都参加（评）审，我今天又接到通知，后天得去北京参加干细胞的评审。目前，这倒是一个新东西，这是在临床治疗方面。比如，美容也好，或者在组织再生、器官再生方面，这个现在有，将来会有很大突破，包括异种移植，就是人器官没了以后，找不到同种的器官，可以用动物的器官。作为临床医生，我原来是从事普通外科的，在疾病防治方面，我强调：早期诊断，早期治疗，非常非常重要。不管是癌症或者是其他的疾病，预防为主，当然，应该早期诊断、早期治疗。

最近，我被推选为中国肿瘤防治联盟福建省的首期主席。这个全国会议最近刚在广州召开。当时在会议上，那天我也没准备PPT，我上台就讲了，现在各大医院全民都要防治肿瘤发生。在这里，我强调，体检是非常重要的。目前，看西北欧，就它的医疗方式来讲，来对比，我觉得，有一点我们中国肯定比它好，就是体检，定期体检，这个非常重要，尤其是上了四十岁以上的人。定期体检有没有"三高"，马上就知道；若有了"三高"的，马上采取应对措施。比如说，血脂高，你要降血脂；高血压，你得吃药；高血糖，你要马上控制饮食、运动，必须这么做。如果早期做好了，以后它就不会有到合并症的地步，这是早期诊断早期治疗。肿瘤也一样，很多肿瘤早期介入以后，早期去治疗，因为肿瘤的治疗，无非是手术，放疗、化疗，加上生物治疗，再加上最后一个新方法——免疫治疗。越早越好！但是，得了肿瘤，也不要害怕，尤其是女性的一些肿瘤，像这个绒毛膜癌还有子宫的肿瘤等，现在很多是可以治愈的。再有，现在临床上比较常见的，比如甲状腺癌，这个临床治愈率都非常高。男性的前列腺癌，不用手术，有的就是激素疗法，活十年、二十年的，也没有问题。所以，大家一定要有正确认识。现在人们寿命长了，肿瘤迟早要发生，如果你要活到 150 岁的话，每个人都会发生肿瘤。因为肿瘤就是机体的一些细胞在繁殖过程中，它繁殖太快了，没有平衡，其实不可怕。

对于医患关系，人们一定得有正确的心态。医生不是什么都能帮的。我们不要把家里边的所有钱都攒着，等到人快不行的时候，才到医院去，找最好的医生去治疗。那个时候，找神都没有办法了。要平时养成良好的生活方式，平衡饮食，多运动，定期体检，早期诊断，早期治疗，这样，人们就可以实现长寿。中国现在的话，不管大家抱怨也好，怎么也好，我们的生活水平已经进入了最好的行列里边。我们有些年轻孩子抱怨说，你看看美国怎么样或者欧洲怎么样，实际上我们在很多方面都超越了它们。新中国成立以后，我们用短短 60 多年的时间，特别是中国改革开放以来，不到 40 年时间里，我们已经超越了很多发达国家。在这方面，包括在疾病治疗方面，近些年来，我们的大数据应用起来了。我女儿曾经对我讲，"爸爸，您作为一个医学教育家，我相信您会教育您的学生未来的医疗的东西是在哪里。肯定是在中国呀。第一，中国人多，医生的经验多。我们的一些医疗设备的话，欧美它有时候限制一点，限制啥？它限制武器，它限制你医疗设备了吗？没有。我们有钱，什么都能买到的，而且我们自己还用我们自己最好的武器，就是中医"。最近，咱们总书记几次强调了中西结合，强调了中医的重要性。我回想了一下，在六七十年代，我们很困难的时期，当时在尤其是在基层医院，中医发挥了独特的作用。

前不久，我在马来西亚做了一次讲座，题目是：世界医学的未来。我记得当时马英九晚一个礼拜也要到那个大学去演讲，他要讲"世界华人的未来"。对我报告"世界医学的未来"的广告与他的差不了多少。"世界医学的未来"是什么意思？我是学西医的，我们也要学一些中医，我本人早就学过，因为我是中医爱好者。现在我讲，如果中国人再不积极一点，将来我们的针灸都可能会被外国人去注册了专利，他们现在不用经络这个东西，人家弄出来这个 channel，这个 point，人家接点电也一样有作用。所以，我们要加强在处方中药、中药方面的研究，日本和韩国都比我们快。我们不要老说我们有几千年的文化，纵然有几千年的文化，我们有时候也要积极去追赶。在健康方面，中医非常非常有作用。但是，像刚才王院长讲的，不能乱用中药，你虚则补之，你不虚，补啥呀？正常人，真正拿一根山参来吃，你吃完以后，鼻子就出血了；血压正常的人，吃完了血压就升高，因为你不虚，你不需要补。有的人天天煲汤，就随便加这个中药、那个中药，你不是中医，你不懂，添加了有些中药的话，我跟你讲，你吃时间长了以后，会导致肾功能衰竭啊，你知道吗？冠心苏合丸，现在为什么不让生产了？中药在这里边，我跟王院长讲，我们也要科学运用。好，谢谢！

蒋　月：　　谢谢齐老师！齐教授是医学大家，要是时间允许，齐老师想为大家讲解的医学知识和健康嘱咐，那是三天三夜也讲不完。刚才齐老师讲话时，我的心忽上忽下的，他说健康要有好心情，要多走路，就有利于健康，我想这个，我做得到，各位也能做到，我就高兴了。然后，齐老师又告诉我们，医生其实做不了太多，我的心又开始有点儿往下沉。他又说很多病都是可以治愈时，我的心又往上调。齐老师讲得非常好。谢谢！下面，我们有请赖丹凤老师就主题简要讲讲她的基本观点。在学生、同学中，赖老师的粉丝很多，她仅仅接诊的心理咨询个案就已超过 1000 例，非常富有经验。有请！

赖丹凤：　　谢谢！王老师知道，我很少穿裙子的，是吧？我今天很特别吧，呵呵。好，我今天荣幸地坐在这里，不是因为赖老师多么漂亮年轻，更多是因为在讲健康这个人生大主题的时候，心理学成为一个没有办法忽视的专业领域，是这样吧？在以前，也许请了中医、西医，来聊健康就够了。现在，哇，好荣幸，大家不管是后排的同学们，还是我的领导们都开始意识到谈健康，心理是一个跨不过去的领域，是一个必须要接触的领域。哪怕你没有功能问题，没有疾病，哪怕没有营养不良，发育不良，一个孩子天天坐在那儿说：我没有问题，我就是不开心，我就是觉得活着没有什么意义呀！赖老师，其实我也没有觉着我一定要做些什么，可是你说我为什么活着呀？诸如此类。心理学能帮助我们有更多动力去求助如何活得更长一些。中医、西医能让我们活得更久一些，在这个世界待得更久远一些，心理学可以让我们（生命）的宽度更深一些，每一天都活得更有方向，更有目标。即使我不追求活到 90 岁、100 岁，我也特别期待，在我 50 岁、60 岁，70、80 岁时，我老的时候，躺在病床上那一天，我是微笑的，拉着我孩子的手说，妈妈今天心情很好，你回来看我，我很高兴。

　　我很高兴今天跟各位来一起谈论健康。涉及心理的健康，跟中西医的老师，跟预防医学的老师讲的知识还是有一些不一样的地方。从心理学角度谈健康，我们的病耻感可能要更严重。我能理解，如果你有一份病例上面写着心脏病或者其他一些疾病，你不愿意把这份病例给其他人看，比如说，普通的朋友或者亲戚，但是，遇上心理的疾病时，可能比这个还要严重，严重到什么程度呢？今天上午我在翔安校区接心理咨询，对面的同学告诉我说，赖老师，您对我帮助很大。接着他/她接了一个电话，电话里面，两个人的对话就是这样的："喂，你在哪儿？"他/她就说，"我在学校。""你在学校哪儿？""我就在学校。""那你究竟在学校哪里呀，我过去找你呀。""你问那么多干嘛，我就是在学校。""那你在干什么？""我没有干什么，可以吗？"——我心想，你前一分钟不是告诉我，我对你帮助很大吗，你后一分钟为什么不告诉别人我在学校，我在学生活动中心205室。在干嘛？我正在做心理咨询，我在跟我最亲爱的心理咨询老师聊天。好吧，也许从心理角度去承认我没有那么健康、我需要帮助，比向其他人承认我找中医给我开了一剂药方或者找了一位西医做了一份化验，还要难得多。所以，我格外地感恩，今天给我一个机会，让我能够跟各位这么资深的前辈们在一起，跟大家一起探讨健康这个主题。

人不仅想要在这个世界上存在，而且要在这个世界上很舒服地存在，还想要在这个世界上存在的时候，我对其他人是有意义的，是有价值的，我能让其他人舒服，而不是因为我的存在而使人感到痛苦。在座的各位中，有不少是18~25岁年龄段的，关于亲密关系的主题，关于自我接纳的主题，关于情绪管理的主题，应该是你们最近的一个生命议题。极端的时候，赖老师有时候会说，我觉得大学四年最重要的事情不是某一个专业的学习，反而是你离开了家，你要真真正正去学会与人相处，你要真真正正去思考我这辈子打算活成什么样，接下来的人生打算走到哪里？这个走到哪里，不是在寻求说生命的一个生理上的句点，可能更多的是在各种关系、各种目标上，你能做到让自己满意的程度。心理的健康，相对于能够拿一份检验指标说我的白细胞增加或是减少，或是相对于我的舌苔颜色怎么样来说，心理是否健康的标志，我更没有那份底气。赵老师说您咳嗽了，因此您不处在一个完全健康状态中，我连这样的指标都没有。我可以告诉在座的各位，我从事心理健康教育将近十年，坐在这里的这一刻，我也不算是很能在心理健康这个程度上把"亚健康"三个字去掉的人。因为所谓的心理健康，这个幅度就更软了，健康与亚健康之间的曲线更模糊。

　　如果大家都坐在这里静静地听讲，突然过来一位同学大声尖叫了一声"啊"，大家觉得他正常吗？他的心理健康吗？不好说，也许他叫喊起来是因为收到一份成绩通知表，但是，你也可以告诉我，收到一份成绩通知表不值得你情绪失控，或者女朋友告诉我她喜欢上了另外一个男生的信息，这两个信息中的哪一个更应该让人喊叫起来？我很期待精神医学、心理医学能发展到我们对大多数的人规律越来越掌握，我们可以给大多数人一份建议、一份标准，我今天也就能更有底气地坐在这里跟几位老师来谈论心理健康和精神健康。谢谢！

蒋　月：　　　　谢谢赖老师。刚才各位老师都从中西医结合、预防医学、运动健康、心理健康多方面阐述了他们的观点。大家发现没有，咱们厦门大学的老师们个个师德高尚，专业精湛，令人尊敬，他们不是王婆卖瓜，只夸自己的瓜好，而是每个人专专赞隔壁的、旁边那个人的专业更重要，更好，是吧。中医专家王彦晖老师夸西医重要，西医大伽齐老师夸中医重要，这多好啊，大家说是不是？我由衷地感到开心。通过今天晚上的讨论，我相信各位一定会大有收获，都会感到不虚此行。

刚才齐老师说到了，我们的医学确实取得了非常大的成绩。我查了一下，2016年中国十大医学进展，说给大家听听，每个人会深受鼓舞的。第一，埃博拉病毒入侵人体机制被破解；第二，成功绘制了全新人类脑谱图；第三，利用内源性干细胞治疗先天性白内障获得重大突破；第四，抑制癌基因活性的"开关"找到了；第五，揭示乳腺癌发生发展的表观遗传机制提供了临床干预新靶点；第六，心血管疾病风险预测有了中国模型；第七，建立了中草药的"基因身份证"，我国的中医科学化发展非常快；第八，自主创新研发出精确磁控囊机器人；第九，复杂结构的天然产物的抗肿瘤药物研发及产业化；第十，中国的脑血管病研究获得重大突破。看来，医学领域的发展的确非常快速。不过，在座的各位和我有相同的感受和疑问：为什么我们医院的病人越来越多，看病越来越难？像预防医学，非常重要，它究竟能干什么，它能够用于哪些方面呢？通过预防医学能减少我们看病的压力吗？还是仅仅减少了医生的工作量？刚才方亚老师已经讲解了一部分，是吧？能否为我们阐述得更详细些？其实，普通大众更关心去医院看病时少些排队等候时间。谢谢！

方　亚：　　　　谢谢！刚刚主持人说到了预防，齐院长也提到了预防问题。对预防的重视，在我们国家来说，它实际上是一个在逐步提升的过程。因为很多人可能更多关注病了以后怎么办，并没有去想太多。没病的时候，身强力壮的时候，应该做些什么？就是怎么样去维护健康。应该说，我们发现，发达国家的人比较重视预防，我们发展中国家的人们可能更多地重视临床。应该说，预防是社会的进步，是一个学科的进步。当社会有一个大事件发生的时候，它就会有一个飞跃。在新中国刚成立的时候，是传染病比较猖獗的时期，所以，很多人关注传染病；后来，传染病被控制下去了，其中，预防起到了重要作用，如疫苗接种。那么，传染病被控制以后，慢慢地就有些什么样的病呢？这就是慢性非传染性疾病，也就是我们说到的慢性病，慢性病比较多，例如：高血压病、糖尿病，还有脑卒中、肿瘤等等。慢性病，实际上我刚刚也说到了，是与生活方式有关系的，它实际上可以说是"富贵病"。因为在以前，人们生活条件很一般的时候，没有这么多病。随着生活水平提高，大家的健康意识却没有跟着一起提升的时候，人就可能患上一些慢病。所以应该说，预防应该要做更多工作。这个预防应该是与国家的整个制度建设有关系的。

在 2003 年"非典"的时候，"非典"，也称为 SARS，大家应该很清楚，现在，大家应该都留有一些非典记忆，在座的很多学生当年可能还是小学生吧，应该说，当时是非常恐慌，政府也不知道怎样去应对，因为发生了这么严重的一个事件，都有国际影响了。从那以后，国家又开始重视预防医学了。在 2003 年到 2006 年间，国家财政和地方政府投放了 200 多亿人民币来发展预防医学与公共卫生建设，可以说，是 SARS 把我国的公共卫生建设"送上"了快车道。预防医学实际上更多地说，是针对群体的健康，它通过科学研究来制定一些公共卫生政策，让所有人群受益。而临床，它更多针对的是患者。我们预防医学针对的是群体，既有健康人，又有亚健康人，还有患者。前面说到了，预防医学主要分三级。现在，随着包括禽流感在内的几个大事件发生以后呢，国家的应对能力、信息透明度，还有一些检测技术都在提高，包括一些信息的网报，网络的直报这类规定都在加强。这样的话，我们的预防就应该会做得越来越好！说到预防主要分三个级别，第一个级别是病因的预防，比方说，现在很多人都知道有些疾病存在遗传因素作用，比方说，家里有人患糖尿病，可能他/她下一代也会有患这种病的风险,那他/她下一代应该怎么办呢？那就应该要去关注糖尿病，应该注意哪些事情？他/她就应该去学习。以前，我们带一些学生去做一些肿瘤（患者）家人随访的时候，肿瘤患者的家人是非常不开心的，为什么呢？因为这毕竟是个负性的事件，有些肿瘤患者已经去世了，那我和学生到他/她家里家访的时候，他/她就不高兴。刚开始做随访，还有学生是哭着回来的;后来，为什么学生就能跟他们（患者及其家人）建立很好关系呢？因为我们的学生具备了一些医学知识，他们可以给这些肿瘤家族的人讲，肿瘤患者去世了，活着的人应该怎么样去活，应该怎么样来预防，针对他/她可能会发生的风险，去给他们普及一些健康知识，所以，这些家属慢慢接纳了我们的学生，就是因为我们的学生可以带给他/她一些知识。这就是从遗传角度去做的一些预防。以吸烟为例来说，更通俗、清楚些。吸烟是很多疾病的危险因素，经过半个世纪的研究，这个结论一直没被推翻。现在，国家为什么大力倡导戒烟？有些城市已经立法了，就是因为吸烟确实是疾病的一个主要危险因素，所以，可以从病因上做一些预防。

那么，二级预防是说我们可以从一些临床前期来做预防，也就是我们刚刚说到的"三早"：早期发现、早期诊断、早期治疗。很多病，实际发现的时候，往往已是晚期了，跟早期发现的预后是完全不一样的。很多疾病，如果有"三早"这样一个预防，它的预后可能会比较好的。例如，乳腺癌，现在五年的存活率可以达到百分之八九十。就是说，我们要尽量早发现、早诊断、早治疗。当然，这就涉及一些医疗技术水平提高，就像以前，我们说为什么很多人发现肿瘤时，不要给这个肿瘤患者讲，因为发现了以后，怎么办？没有好的治疗办法！告诉患者，使得一些患者吓死了，而不是被这个病本身致死的，就是因为没有很多好的治疗办法。

齐忠权： 　方教授，据你看，对于肿瘤，中医和西医治疗有什么不同？中医有什么好办法？

方　亚： 　中医的好办法，哈哈，请我们王院长来讲，他有很多经验。我还是接着把三级预防讲完。第三级预防是临床的，嗯，叫临床预防，就是一个人得病以后，要在临床怎么样地去防止他／她恶化，促进尽早康复。从康复上，从防止他／她的病恶化，就是从预后方面怎么来加强他／她朝着健康方向逆转，这也是我们预防要做的一个工作。所以，我们预防就是围绕着三级预防开展工作，更多的是让群体获得健康，嗯，这么说吧，尽量不得病，或者说少得病，或者说晚得病。就说到这里。谢谢！

蒋　月： 　非常谢谢方老师把三级预防讲得十分清楚，我们都听明白了！现在很多人非常注意养生，我请教王老师，养生就是预防吗？养生就是刚才方老师讲的预防疾病的意思吗？或者说，养生与预防是同义词还是近义词？两者之间是个什么样的关系？谢谢！

王彦晖： 　养生跟预防不是一回事。我们厦门大学是综合性大学，就有一个好处，就是有这么多个学科，学科齐全。我曾经跟李红惠（同音）坐了一个下午，专谈预防和养生的差异。"养生"两个字，本来是"保养生命"，所以，它更在意是人本身，让人怎么活得好，活得不得病，所以，不是有一点差异，而是有很大差异。它整个追求怎么让人活得好，活得不得病呢？它的方法就是辨症施治，那个"症"就是调状态。我举个最简单的例子，比如说，我们家里面有一盆盆景，那么，我们怎么想办法让盆景长得好呢？无非就是让它的生活环境很好，比如，它的水分要很好，养分要好，空气要好，然后，当下，它就会长得很好，对吧？那这是关于现在的健康。所以，什么叫"健康"？健康的本质是什么呢？还是有一点点争议的，我觉得呢，至少说，养生方法的重点就是要把握一个好的状态，就是好像我们养一个盆景，就是要让这个盆景养的各个方方面面满足它，让它长得很好。另外，还要让它活得久啊，对吧。如果老把这个盆景放在房间里，它可能活不了那么久，所以，可能你有时候得拿它出去晒晒太阳，甚至见见风雨，这就有点像人要锻炼一样，所以这么说预防跟养生。

刚才方亚老师讲了预防，实际上，西医学这几百年最大的贡献或者最吸引人眼球的问题是传染病的控制。为什么传染病的控制是诞生在西方医学发生之后呢？实际上，根本还是显微镜的发明，因为有了显微镜以后，我们才发现了细菌；发现细菌以后，才有真正意义上的传染病学。实际上，中医在治疗传染病上面，包括 SARS，中医治疗效果都非常好。我透露一个小秘密，我大学毕业，从 1983 年差不多到大学毕业的十多年，我会使用抗体素。我最近十多年从来不使用抗体素了，但是，我治疗所有的细菌性疾病、病毒性疾病，效果都非常好。这里也回答了"没有用抗体素会怎么样"？不使用抗体素，没有问题，病照治不误啊！嗯，蒋老师，我说这个，是不是走题了？

蒋　月：　　　　没有，没有。王老师说得挺在理。很好。

齐忠权：　　　王院长，我跟您说，因为您经常给别人号脉，您认为有病，但很多人在我看来是没病的，这有病与没病到底是什么情况？实际上，在我这边，就是一个疾病与亚健康的问题。因为中医对待亚健康时，认为你应该调理了，我西医看的话，觉着你出去好好锻炼锻炼，回家好好休息休息，吃点新鲜水果蔬菜，平衡饮食，好好养一养，就没有问题了。所以，请问您怎么看待这么问题？

王彦晖：　　　好。这个是一个非常关键的，就是所谓"上工治未病"的问题。什么叫作"未病"？就是根本没病。实际上，人大概有几种状态：第一种，就是非常好的状态，好到什么程度呢？就是厦门大学校训讲的，自强不息，止于至善。我觉得厦大校训那八个字完全是中医的意思。首先，止于至善，就是身体要达到非常好非常好，然后，要自强不息，身体好不好主要靠自己，不是靠外来环境，所以呢，自强不息，只要把自己折腾得非常健康，就能达到至善。那么，在中医里面，怎么样的身体算是非常好的？我最近提了三个标准，学界反映非常好。一个人健康，要有三个方面健康：第一，自己觉得非常健康，自己觉得健康是非常重要的。第二，从西医来看这个人很健康。西医代表什么呢，几个关键词：一是"局部的"；二是"物质的"，就是局部物质出了什么问题，那么方法用什么，主要用物理学跟化学，包括生物学的方法。那物理学，比如 CT 呀、核磁共振呀、超声波啊，去看哪里多长一个东西、少长一个东西。那化学化验，大家很熟，对吧，它关注的就是某一个物质或者某一个层面的物质，比如说，白细胞有什么问题，出了什么问题，这个就是西医的角度。那一定还得有个中医角度。中医的角度是什么呢？几个字刚好对应的：其一，整体的，西医刚才是局部的，这一个是"整体的"。其二，"功能的"，整体的功能出了什么问题，那靠中医看病靠什么，刚才讲了中医的关键词是"症"，"症"的对应就是"状态"，就好比身体的内环境的状态。其三，中医的另外一个字就是"象"，就是舌象、脉象。舌象、脉象是否健康，这个是非常关键的。举个例子，厦门中山医院一个西医的主任医师找我看病，他是肺癌，一发现就是晚期，他是很小心的人。因为什么得此病呢？他父母亲都得癌，所以，他知道他有遗传可能性，不幸，最终还真得了。他问我一句话说，"唉，我早就知道我有这个可能性，然后，每年都体检，但是，结果一查出来，又是晚期，您是怎么看的？"我说，"看您那个舌头那么紫，舌苔那么多，从中医看，您有长癌的土壤，就是说有这个环境已经很久了，已经非常久了"。他说，"是啊，我也发现我这个舌头十多年来黑黑的，我也不知道什么意思"。我说"您很'厉害'，浪费了一个时机，对吧"。

大部分病尤其是癌症的产生，大概有三个关键要素。第一，就是有种子，就是基因。基因呢，我们可以通过家族史询问出来。第二，要有土壤，身体的内环境。这是中医擅长看到的东西，通过舌象、脉象包括症状。第三，长出这个"毒草"来。我们前面也讲了，就是癌症，对吧，就是癌，癌种出来，同样有这三大关系。现在的西医关注点在哪里呢？长出来的，所谓长出来的，早期治疗、早期发现。是多大才看到？一般如果在3毫米之下，看到就算很早了，实际上，即便是3毫米，已经是晚期了。因为从细胞生长周期讲，它已经是非常晚了，已经是进入爆发性增长阶段了，所以，应该是要比这个更早，因为3毫米的肿瘤是我们现在阶段能看到的最小的肿瘤，但是，它已经长了十年了，所以呢，我们应该在十年前就查出这个，解决这个问题，对吧。西医治疗呢，现在基本上是在放化疗。手术都是在把这个肿块割掉，那么土壤呢，完全没看到，当然不处理，对吧，就视若无物。那么，基因能处理吗？现在基因是没办法处理的，生来就是这个样，也许以后可以在受精卵诞生那一刻，我们就把每一个受精卵，像看鸡蛋一样，拿到外边，好好瞧一瞧，这个染色体有没有什么问题？基因有没有什么问题？要是有问题，就修补修补，以后生产出来的人类就不会生病了。但是，至少现在看得到的，是不可能的。所以，癌症的治疗很显然，长出来的毒草要尽量去掉，还有土壤要改造。那么，预防也在此，家族史调查，加上中医体质的检查，这两个一出来，一相加，基本上就看出你的苗头了。癌症是最典型的，所以一定要注意这三个方面。谢谢！

蒋　月：　　谢谢王老师。王老师刚才讲到种子与土壤这个关系，是长出良草还是毒苗，跟土壤有关。高深的医学道理，讲得这么通俗易懂，让我们这些非医学生听得十分明白，马上接受了。为了主持今天晚上的讲座，我也拜读了齐忠权老师的一些研究成果，法律人读医学论文，真是辛苦啊。齐老师也提出了种子土壤这个理论，强调要保持体内的积极平衡，是吧，说得非常好。齐老师有很多关于怎么样预防疾病方面的见解，请您给我们讲一讲，作些补充，好吗？

齐忠权：　　刚才王院长讲了中医和西医有什么区别，它们是两个认识事物的不同认识方法。西医的方法大概有五百年历史，从列文虎克发明了显微镜，认识了微观世界，从细胞、组织、器官，再到整体。中医呢已经有五千年历史，它是把人体当成一个整体，当成一个黑匣子去研究。从现象，然后，找到了药，又找到按摩能够治病。前不久，有位院士讲过：什么科学与不科学，医学里边很多东西不是科学。我同意他的说法。你们查一查科学概念，我们所指的现代科学大概也就是从差不多牛顿那个时代开始，只有三四百年历史。所以说，中医里边，有很多是人类与疾病做斗争、同大自然做斗争的经验总结。人体，刚才在讲了，实际上，我们西医也认识到了，比如说，干细胞理论、免疫系统与干细胞的关系，这是目前研究的热点，包括在蒋老师刚才念的十大医学进展里边；又比如说，眼科的一个方法，就是治疗先天性白内障，这是中山大学刘奕志教授的一项成果，发表在《Nature》（《自然》）上，以后还有编者按。国家科技部邀请我去对这个成果做评审，我认为这个成果是不错的。它就是用调动自体干细胞的方法，小孩能够长出一个人工晶体，就是自己长的晶体，完全代替晶体的百分之八十的功能，所以，他这个是一个发明创造。还有，比如，糖尿病族的患者，干细胞治疗效果也非常好，即使是分离不出干细胞，有的自体的骨髓分离出以后，打进去，效果也非常好。为什么美国总统奥巴马都提出要发展干细胞呢？我们中国的医学里边，最近一两年内，你们会看到在干细胞的临床治疗方面会有突破性进展，因为国家重视了，干细胞可以使人返老还童啊，真是这样。我跟你讲，这个不是歪门邪道，这是科学，呵呵，现在我讲的是科学。

蒋　月：　　谢谢齐老师。医学的进步肯定是直接关乎人类福祉、社会进步以及国家的富强。我们相信，医学科技的发展会给我们带来越来越多的福音。我非常好奇，齐老师做干细胞研究、器官移植，以及刚才各位老师讲了很多关于疾病的预防、治疗，运动，保持健康，精神生活等等，我就在想，各位有没有跟我一样的疑问，所有疾病啊、健康维护啊、疾病治疗这些方面，包括干细胞移植和器官移植、干细胞研究，有没有性别差异呢？不同性别群体的人，他们遇到的问题会有明显不同吗？齐老师，您在实验室做实验或研究的时候，有没有发现研究样本中有性别差异，医学要不要注意性别这么大的一个因素呢？谢谢！

齐忠权：　　对，蒋老师提这个问题，我也想到了，因为我们做免疫学研究的时候，常常使用雄性大鼠，为啥不选雌性的大鼠？在免疫学研究中，雌性大鼠在怀孕过程中、在生产过程中，这一时间段内的激素会发生改变，会影响到免疫系统。这里，我顺便提一下，在座的同学，可能有年纪小一点的，处在青春期，我们年龄大一点的人，有的到了更年期，实际上，激素改变会改变人体的免疫系统，对健康是有影响的。我强调，比如，就性别来讲，在北欧，常常是更年期的妇女有时候 depress（压抑），太压抑，以至于不能上班，因为北欧是高福利嘛，允许你在家里待一年，实际上在性别方面的话，还是有区别的。虽然是时代不同了，男女都一样，但是，男女在生理上确实不一样。在这里，我强调，也要注意男同胞的更年期，男同胞的更年期可能比女同胞晚十年，但绝对是有的。所以，每当我看到新闻说哪个人一着急跳楼了，男的，我就想，咱们的预防医学很多还没做到位。实际上，这个社会啊，家庭啊，咱们最近提出"双一流"建设，就是一流大学、一流学科，我倒忽然想到一个"双一流"，就是一流的社会、一流的家庭。家庭作为社会一个最基本的细胞，是非常非常重要的。当然，我强调男女应该平等，男同胞要多照顾女同胞，但是，女同胞也要理解男人，因为我们都是 human being（人类）。

赵秋爽：　　好，我接着齐教授的话题说，他讲的是有性别的，其实，我们运动也是有性别的。因为从生理构造上来讲，男性和女性是不同的，所以，我们从事的运动也是有所区别的。比如说，我们现在可以看到男孩都显得比较瘦弱，至少在我班上是这样子，看起来缺少一种男孩子应该有的体魄；女孩子却越来越变得"女汉子"，这个当然与我们现代社会进步是有关系的，女人真的顶了半边天。但是，顶完半边天以后，我们再反思，我们女人真的愿意成为"女汉子"吗？男人是不是真的愿意靠在女人肩膀上呢？可能未必吧。那么，怎么办呢？我们通过一些运动可以解决这个问题。比如说，我建议，从运动角度来说，男孩可能更适合从事一些力量性、对抗性的项目，这从一定程度来说可以刺激雄性激素的分泌，可以让男孩能顶得起属于自己的那半边天，不要靠在女孩子的肩膀上。女孩子呢，有生理性问题，孕期啊，经期啊，更年期啊等等，遇到这些特殊时间段是不是就不能从事运动了呢？我教本科生，在我的课上，经常遇到女学生说："老师，今天我请假，我不能上课。"我问：为什么呢？同学回答说，"今天我大姨妈来了"。我就特别的一脸懵的状态，为什么女性处于生理期就不能从事运动呢？谁说的？实际上，这种认知是很多人有的一种误解。其实，不管是孕期、生理期，都可以从事运动，只不过是我们在选择运动项目的时候，要注意选择适当的运动，关注我们的运动量如何控制，如何根据我们的特殊时期，选择适合的运动量和运动项目。因为雌性激素，让我们的皮肤光洁，让我们的身材更有曲线感。那么，我们从事运动的时候，不是说摒弃这种力量型的训练。当然，我们进行力量训练的时候，要考虑运动负荷问题。我们女孩子既有我们所需要的曲线，又可以让我们的身形更漂亮，也展现出柔弱的一面，比如说，瑜伽呀、形体舞蹈啊，都可以很好地培养我们的气质。我想，这个社会需要女汉子，可是，优雅有气质的女性可能会更受欢迎，特别是家庭生活当中，可能会让我们的男性更有一种崇高的自信感。我希望，能够通过运动让我们属于从事自己性别的运动，可能这就是运动和性别的关系。大家以后可以根据自己的性别需要和需求来选择适合自己的、科学的几种运动。同时，也解决了生理期、孕期、更年期都不能运动的问题。希望大家能科学地认识运动，不要把运动视为老虎，一到特殊时期，谈运动就有种"谈虎变色"的感觉，那是不正确的。谢谢大家！

蒋　月：　　　　谢谢赵老师介绍了运动的诸多好处。运动确有性别之分，各种比赛，虽然经常有男女混合项目，但是，多数项目是男女分开比的。非常好。2014年国务院发布了《关于加快发展体育产业促进体育消费的若干意见》，我觉得这个意见非常好，其中特别提到了：要树立文明健康的生活方式，推进健康关口前移来延长健康寿命，来提高生活的质量；要确保学生在校内每天的体育活动时间不少于一小时；要积极扩大体育产品和服务工具来促进群众体育活动和竞技体育的全面发展等等许多许多的方面。就促进青少年体育爱好培养上，要求每个人掌握至少一项以上的体育运动技能。各位，你们都有掌握吗？我认真想了又想，很惭愧，至今还有没有掌握一项体育运动技能。到2025年，中国体育产业的总规模会超过5万亿元，同学们，如果你有创业规划，体育消费应该是一个挺有前景的领域咯；人均体育场地的面积要达到2平方米，这个可以有，非常好。参加体育锻炼的人数要达到5亿，公共体育服务要基本覆盖全民。各位亲，接下去几天假期，明天后天要放假了，如果回故乡去扫墓祭祖，提议你们考察一下你的故乡，是不是每个行政村、每个行政镇都有公共体育设施？因为这是国务院提出的国家有关体育产业发展的一个要求，拜托各位了。谢谢！刚才讲到健康，齐老师愿意把钱让给方老师去赚，他觉得治病太晚，预防更重要，是吧？王老师刚才表示，愿意把赚钱机会让给齐老师，他提议，不但要看中医，还要看西医。齐老师又说中医更好，我们祖国几千年的中医优秀传统可以解决许多问题，非常好。讲健康，不仅是要身体健康，还要心理健康。刚才赖老师说了，精神健康非常重要。实际上，世界上也确定有"精神健康日"这样一个特殊日子。在座有多少同学和老师知道有这个"精神健康日"的？关于精神健康，据我所知，有严重精神障碍的人数是非常大的，接近250万人。国家也颁布相关政策，要把贫困的严重精神障碍者的治疗纳入医疗救助，也就是说，由国家出钱帮助这些人接受治疗。这是国家重视精神健康的一个非常好的举措。就我们个人来说，怎么样才知道自己是一个心理健康的人或者不是呢？刚才赖老师说，她此刻坐在这里，也不能确定她是不是在精神上不处于亚健康的。妈呀，赖老师肯定看破了我的小心思，我正琢磨着自己到底算不算是一个精神健康的人。那么，怎么样去判断一个人是不是精神健康？请赖老师简单地为我们提供几个判断标准或者规则，好吗？谢谢。

赖丹凤：　　　　好的。我跟我的孩子们交谈的时候，心理健康与精神健康这两个词汇之间，还是有一点点差异的，虽然学术领域这两个词不一定有这么明确的划分。我在讲到一个人心理没那么健康的时候，可能暗示的是这个人的性格不够完善，或者你当下的情绪不够稳定。我在说，一个人最近心理没那么健康时，可能是说他/她的宿舍舍友关系没有处理好。如果我跟我的来访者或者点到在座的哪位同学说，"你的精神不太健康"，那可能就有点严重了，那可能就是涉及医学领域，甚至是需要诊断标准了。从我的角度说，精神健康已经是更极端的一个状态了，已经是在我的工作很边缘的部分,我能尽力的部分是很少的。在这之前,它也可以预防嘛,大多数同学若能从性格层面、从人生规划层面、从情绪管理层面就把握住的话,就不会发生有一天我真正在跟你谈论"你是抑郁症"或者"你是精神分裂症"或者说"你是焦虑"或"是强迫症"。当你有一些偏执性的思维,或是你有一些钻牛角尖的思维方式,我们就要开始调整,这可以避免到某一天您需要到县医院或者其他医院拿一张诊断书,上面写明你需要服用什么样的药物。从预防角度来说,心理健康也许学术上没有那么严格,我跟我的孩子们会认为,心理健康这个词应该比精神健康这个词排在前面一些的。

齐忠权：　　实际上,在医学词汇里,心理和精神是等同的。当然,实际上心理干预师也好,心理医生也好,还不一样。因为医学背景,有的在医院,比如说,它能鉴别三类疾病:一是比如,心理不健康,这属于咱们心理师是可以正常调解的;二是如果有神经官能症的,它就是个病,需要到神经内科去看。三是,如果有分裂症、抑郁症等,这些需要到精神病院去治疗。所以说,真正的鉴别诊断的话,要靠这些专业的医师。学校心理咨询常常是像撒网一样,筛,筛到什么情况,然后,赖老师说"不行,你得到县医院或者到中山医院的神经内科去治疗",这是对的。我听了几位讲健康,一个是身体健康,另一个是心理的健康,我认为还缺少一个方面,就是社会的。因为我们现在有些独生子女,应该说心理没有太大的问题,但是,常常不会处理很多问题。所以,身体健康、心理健康加上社会的,都处于最佳状态,这才叫健康。王院长刚才跟我辩论的一道题,说有没有病,您看有病,我看没病,实际上就是一个健康和亚健康。实际上,亚健康就是在反应能力上,在有些功能方面已经有改变了,但是,还没有到发生器质性改变的程度。在临床上，作为各个综合医院的这些西医医生，他只是给病患者诊断疾病，绝对不诊断病因，如果我们在诊断书上诊断病因的话，这是要负法律责任的。我强调健康、亚健康问题。还有些人说，我吃西药，我吃中药，我吃保健品，或者我在吃饭的时候，我吃一些健康食品，这些情况有没有什么区别？不知道大家对这个问题感不感兴趣？

蒋　月：　　谢谢齐老师。大家有需要个别请教的专业问题，可以工作时间跟齐老师预约时间去咨询、请教。因为老师和同学们向嘉宾提了好多问题，我们请各位嘉宾老师围绕主题，针对观众的提问，再来谈谈。问题卡非常多，有些问题非常的具体。因为时间关系，我们今晚上肯定不可能逐一回答所有问题，非常抱歉。有些太具体的问题，例如，某一个人针对某个病症提出的具体问题，可能不合适在场上直接解答，请提问者下去再跟您关注的嘉宾老师联系，好吗？请赵老师先来。

赵秋爽：　　很感谢，观众提了一个非常好的问题，而且这个问题也是大家非常常见的。观众问："您谈到了运动健康，运动量怎么衡量呀？到底多大的运动量是合适呀？"这是我们平常运动的时候经常会遇到的一个常见的问题，而且也是特别关键的一个问题。这里面，提到一个词"运动量"，在我们体育界，运动量的理解分为两个部分，一个就是运动负荷；二个是运动时间。作为普通锻炼人群，正常来讲，一般，我们讲是以一个小时为宜，至于这一个小时对你合适，对他/她是否就一定合适，这个是不一定的。我只能讲一个相对的界定范围。另外呢，也要根据你的目的，比如说，从事减肥的，我是要通过运动来达到控制体重、减少脂肪的（目的），那么，从能量消耗角度来说，一定要运动

25~30 分钟以上，你才会动用到脂肪，才真正把你的脂肪动用到了，这是我们如果从减肥的目的说的话。我们讲运动负荷呢，一般我们最简单的评价指标就是平常大家可能都会考虑说，现在有手机、有手环啊，可以来控制你的心率，可以看你消耗了多少大卡，其实，我们用一个最简单的数字来计算，就是你的最大心率乘以一个百分比；根据年龄的不同，百分比也略微有所不同，最大的心率，我们一般是用 220 减去你的年龄，这是最简单的计算。比如说，我今年 50 岁，我就是 220 减去 50 等于 170，170 就是我的最大心率值。一般锻炼人群来说，因为是从健康角度来说，所以就控制在有氧范围内。当然，个别人群是需要高冲击的，但是，这毕竟是少数人群，对大部分人来说是有氧量。有氧量用什么来控制呢，我们用很简单的一个公式，就是:（220 - 你的年龄）×（60%~75%），那么，年龄越大百分比越低，年龄越小，百分比越高。比如说，我比较年轻，那我就 70%~75%，如果年龄比较大了，就可以 60%~65%，这是我们一个正常的有氧量，是就健康人而言的。

我们可以反观，现代社会里，我们能够有完整的一个小时来做锻炼，非常少，每个人能一天抽出一小时来锻炼，真的很难。那么，怎么办呢？主持人蒋月教授提到的"全民健身 2030"的计划，这个计划如何去实行？如何根据我们现在的碎片化时间、碎片化场地来进行运动？因为目前来讲，我们所有的公共体育设施毕竟是有限的，包括乡、镇体育器材，体育场地都是有限的。那么，我如何用碎片的时间、碎化的场地从事运动呢？现在，国家体科所提出了一个"328"，大家有兴趣可以到网上去搜一下这个"328"。什么叫 3 呢？我解释一下，每周锻炼 3 天，也就是我们讲的隔天运动。2，怎么说呢，因为我的时间紧张，没有办法做到 1 小时，但是，20 分钟、30 分钟总是有的，就把

它碎片化，我可以每天从事两次锻炼，这个两次呢，可以选择
早中晚时间、课间操时间，根据你自己的时间来安排，都可以。
8，怎么说呢，8 一般强调的是 7 个部位的大运动加 1 个调整运
动。这 7 个部位的运动，我们可以理解为头、肩、胸身体各个
部位以及下肢，只要你从事到了就可以。最后加 1，最后一个 1，
一定要从事一下整理放松。这样，我们就很好地解决了如何利
用碎片化的时间、碎片的场地来从事我们自己适合的健身运动。
我前面也解释了如何控制你自己的运动量。谢谢大家。

蒋　月：　　谢谢您，赵老师。赵老师解释的"328"锻炼模式很好呀，
只需要隔天锻炼一次，大大地降低了执行难度。当然，要长期
坚持下去，也不容易。如果有三五好友或邻居相互邀约着一起
做锻炼，能起到相互督促的作用，又可互通信息，是个好办法。
王老师接到了非常多的提问卡。请王老师选择几张解答吧。谢
谢您了。

王彦晖：　　谢谢，感谢大家问了这么多问题。有一些很具体的，可以
到厦门大学医院找我和我同事看一些具体的病。那这里面好多
问题挺有意思的，我先讲一个问题，就是理解亚健康的问题。
实际上，那个话题我刚才只讲了一半。什么叫亚健康呢？亚健
康，是中医的名词，被西医或者被整个世界接受度最广的一个
词，我觉得没有再广的，所有人都接受亚健康，亚健康是中医
的概念。当然，还有很少数西医在否认亚健康，但是大部分是
接受了。亚健康是什么呢？就是有一些患者有一些不舒服，但是，
西医查不出病来，就叫亚健康，就是这个概念。这种情况肯定
是很普遍存在的。我们刚才讲了，人的健康大概有这么几个过程，
第一，就是我们讲判断健康，三个角度判断就比较完整了，我

觉得还得加上第四角度，第四角度就是先天的，就是你的基因或者家族史的调查，这个加上，就比较完整。那么，好了，自己的感觉、西医的诊断跟中医的诊断，这三个加起来都非常好，就说明他／她现在的状态很好。那么，比如说，有一个人今天晚上熬夜，刚才有一个同学问"熬夜熬多久比较合适？"熬夜永远不合适！哈哈，只能这样说哈，没有合适的熬夜。那么，比如说，你熬夜两三个小时，好吧，现在马上就有世界杯了，很多同学开始要看世界杯，看完了以后，一找我看病。我就说，"你少睡觉了"。为什么呢？因为他舌尖就会红了，然后，他左边的脉象就浮起来了，就表明他没睡好，就是他睡眠不足，我马上看到了。他才少睡两三个小时，从中医来看，他已经开始不健康了，至少他的阴阳平衡在往不健康的（方向）走，但是，这时候西医去查有没有病呢，肯定没病咯。患者有没有感觉什么不舒服呢，没有哦，他可能还很嗨的，他看得很爽嘛。但是，再过比如说连续一周，每天少睡三个小时，唉，就开始不舒服了，他就开始做梦啊，开始长痘痘，喉咙痛可能也报到了，这时候，当他觉得头晕、睡不好的时候，再去找西医那边诊断呢，查了一大堆，仍找不到病，这时候，就叫亚健康。

那么，什么时候到生病、真正生病了呢？那就是西医看出生病，中医看起来生病，自己也觉得生病了，那就真正是得病了。所以，大概是有三四个阶段：第一个阶段，是非常好的，止于至善的，这种人有多少呢？跟人品止于至善的人那么少，有多少人自己觉得达到了止于至善的？那么，健康止于至善，也大概只有这么少的人，是微乎其微的，非常少的人说是西医看起来很好、中医看起来很好，因为中医要求真的太高了。第二个阶段，就算不错了，就是中医看起来有一点小问题，但是，西医看起来没问题，自己也觉得挺好的。这种情况也有一种可能，就是西医看起来有问题、中医看反倒没问题，也有的。比如说，这个患者带乙肝病毒，他/她没有任何症状，对吧，中医看起来，也看不出问题来，但是，他/她的确带上了病毒，这个也有可能。第三种状态，就是有症状的，西医看起来有病或者中医看起来有病，最后统统有病。所以呢，这是亚健康的概念。中医学真正调理亚健康，是真的很有办法，切入点就是所谓中医辨症，就是把状态调好。亚健康，可能你可以理解成他/她身体里面就是有点上火，好像这个房间的温度，我们现在科艺中心这个大礼堂的温度，假如高达40℃,那我们各个都亚健康了，为什么？因为你根本就坐不住了嘛，对不对？人就想动一动嘛，这就是中医的亚健康的概念。

还有一个人的提问是关于中医被污名化的问题。确实，社会对中医的理解有各种各样的，有一些是负面的想法，我觉得这个是正常的。我想讲两个，一个是中医本身，我们要加速中医现代化，就是搞清楚中医到底是什么东西。二是要把中医师团队的临床水平真正提高。不可否认，我们中国文化最近这一百多年来呢也饱受了很多摧残，我们把很多很好的东西，包括像中医，戴着有色眼镜去看它。我经常讲，没有正确理解中医的，实际上最糟糕的是会害到自己，因为谁都离不开中医，哪怕是西医，你生病了，你缺了中医，那也是非常遗憾的，病也许就得不到很好治疗。

蒋　月：　　　谢谢王老师。咱们的听众们非常善于抓住今天与医学大伽交流的难得的机会。我刚才看卡片时，发现向齐老师提问的卡片非常多哟。齐老师是不是简短回应一下？

齐忠权：　　　第一个问题，是一个询问，说"我的宝宝出生了，留了脐带血，有没有什么特殊作用？"就是母亲生产时，留了这份干细胞，有什么用处？希望我给解答一下。今年春节前，厦门第一医院成立了一个新的科室，叫器官组织和细胞移植中心，马上就要开业了，因为我马上去坐诊。您提的这个问题，就是这个科室承担的任务之一，干细胞干什么用。把脐带血保存起来，尤其是对孩子本人、对你的家族，都非常有用。因为，这个干细胞可以扩增，扩增以后呢，比如说将来孩子有什么病时，可以用；对于家族，比如说，对于父亲、母亲，那肯定也能用，因为它是亲缘更亲的干细胞，免疫原性低，所以说可以用，干细胞治疗非常有用。第二个问题呢，有个同学问说，他／她家人得了甲状腺癌，60岁了，是应该穿刺呢，还是切掉？还是用中药？这个很关键了。我的建议是做一个穿刺，然后，做一个细胞学诊断，如果恶性度非常高的，切掉。如果是一个良性的，那么，就可以不切。不要先直接找中医调理，这个甲状腺肿瘤，如果是恶性的话，我还是建议要切掉。还有同学问了，说癌症的诱因可能是遗传的或是环境的因素，那最后的研究结果是怎么样？癌症到底什么是原因？癌症的原因，到目前还没有定论，但有些癌症，比如肝癌，乙肝、肝硬化到肝癌，这肯定和病毒感染有关。比如说鼻咽癌，和 EB 病毒感染有关，这都是有定论的东西。食管癌，可能是和黄曲霉毒素有关，也可能和你常喝热茶有关，这都没有定论。所以，癌症这个病因的问题，没有确切的答案。另外，还有一个学生问了多个问题，就是关于每天晚上都睡得太晚，然后，白天不舒服，这个问题王院长回答收到的问题时也说过了，让我给你治疗，怎么治疗？每天十点钟睡觉，早早起来，啥好办法都没有。不管是在校的年轻同学还是老师，各位，我跟你们讲，不管是多大年龄的，60岁也好，50岁也好，40岁、30岁、20岁，大家真正每天应该十点钟睡觉，早上六点钟起床，肯定不会影响你任何效率，如果大家听我的话。你看一看，在全世界的话，大家宣传的话，都是这样的。这是最好的解决方式，没有更好的方式。你弄到半夜两点钟啊，怎么办啊，因为你违反自然规律，肯定要受惩罚的。所以在座的各位同学啊，晚上十点钟睡觉，一定这样，会提高你的效率。（听众发出一片笑声）。大家不要笑，为什么？不吃药或者少吃药，不用吃保健品，好吗？

蒋　月：　　谢谢，谢谢，我们太赞同齐老师这个建议了。但是，老师们科研压力这么大，十点钟就去睡觉，什么时候写论文呀？这是一个问题！同学们也会问：早早休息，我倒乐意呀，问题是，课业负担怎么完成？老师们布置了很多要求的。大家至少可以照齐老师的提议早睡早起，试试看。谢谢齐老师。赖老师也收到了好多问题卡，请赖老师花几分钟时间解答几个问题。谢谢。

赖丹凤：　　这是一般孩子很少在咨询室问到的问题。我念一下，"心理上的不舒服和疾病会不会变成身体上的疾病？"两位医学和预防医学的老师可以谈这个问题。我在这里从心理学方面谈谈我的看法吧。真的，是会的。从心理学角度说，如果你的生活有情绪，有不舒服，最理想的状态是你能够用语言把这份不舒服说出来，你找一个人，告诉他/她，"我很难受"；最理想的状态是这个人能听懂，他/她能安抚你，或者至少他/她陪伴着你就好，"我没有解决办法，但我在这儿，我知道你很难受"。但是，有一些人，他/她不舒服和难受，他/她没有办法通过语言说出来，为什么呢？可能童年的一些问题和家庭的一些原因造成的，就是我有不舒服，我很难受，我被虐待，我的这些难受没有办法通过语言表达，那我怎么办呢？——"哇，我头很痛"，"我肚子很痛"，"我觉得我牙很疼"……其实，在门诊，我不说急诊，在门诊中间我看的文献是说起码有三成人没有办法明确确诊生理病因，或者物理、化学病因的这些疾病，这些人应该来找我。有很多无名的疼痛，就是"我很难受"是我没有办法用语言说出来的，我没有办法用语言说出来的，我想要你关注我，所以，心理问题会不会造成身体疾病？当然是会的。

前一段时间，有一档电视节目聊到生二胎。二胎出生了以后，姐姐就天天在喊我这里不舒服、我眼睛痛，妈妈，我肚子痛、我背上痛、我牙痛。有些心理专家简单说，那是她寻求关注，寻求关注的方式就是你看我生病了。我想有时候并不是有意识地去欺骗或是寻求关注，不是这份恶意，但是潜意识里面，还真排除不了这种需要，我特别需要人看到我正在难受，当我没有办法用语言表达这份需要的时候，我的身体就会出现各种无名的疼痛。刚才王老师说到的很多疾病，可能跨学科跨领域。比如说，过敏性鼻炎，在我的受训经历中，我的老师告诉我这是我的工作范围。偏头疼，我的老师告诉我说，你也要有一份责任感，很多偏头疼是心因性的，如果他/她的爱人给他/她抱一抱，他/她就说：我就不头疼了，那你就知道其实真的不是药物那么简单的。慢性胃炎是什么，是焦虑的一个很大反映，长期处在焦虑状态的人，肠胃就是很容易出现问题。

心理上的问题会不会造成身体疾病？我如果用简单的回答的话，是一定会的。压抑性格容易造成肿瘤，焦虑性格容易（造成）牙齿尤其是后槽牙的磨损。你很紧张的时候，你的牙齿不自觉都在咬着呢，长期有攻击性以及压抑攻击性的人，他/她的背部的肌肉是一定会有问题的，因为看到他/她背部的肌肉视觉上就觉得是不正常的状态。就好像猫狗在进攻之前耸起背部一样的道理。而过于死板、过于规则化的人呢，经常关节会有问题，为什么？他/她但凡站在那儿，他/她都是紧绷着他/

她的每一块肌肉，我们站立的时候膝盖能保持正立，对赖老师自我要求已经够了，但他/她认为他/她要用力往后绷，大家可以试着想一下，当我站立的时候，我会希望我的膝盖不仅是直的，而且往后顶的，这样的状态对脊柱对关节是一定有影响的。所以，也许身心疾病，身体健康跟心理健康的关系没有那么简单的，好多疾病是情绪在我们的身体里面横冲直撞，它撞到哪里了，你就哪里痛。

齐忠权：　　赖老师，您刚才讲的，有很多是对于健康的青少年学生是适用的。我们临床医生强调，比如说，在座的四五十岁以上的人，如果感觉到不舒服，或者干什么的话，一定是先找医生后，再去找心理医生，为啥呢？否则的话，有些比如是头部长肿瘤了，最简单的可能刚开始就觉得略微有些头疼，这时候你到专业医生那儿一看，哇，你脑部有肿瘤了，这样来讲，就不适合先找心理医生。因为你在国外的话，在美国，心理医生还要学医的，否则的话，他/她要吃官司啊。如果我到你那儿看了，你说我回去好好睡睡觉，到第二天他/她肿瘤长得很大了，他/她马上来找你打官司了。咱们国家的心理调解医师是没有医师执照的，不要紧，在医院的话，有很多早期表现，还是要先找医生的。比如说，包括一些临床上的症状。我没有唱反调的意思，因为您是做健康学生心理调解的，这是例外。其余的，我们对社会宣传的时候，有些东西尽量先找有执照的医生，先让他/她看一眼，这是最关键了，不然的话，耽误治疗了。

蒋　月：　　谢谢齐老师。齐老师说得对，都出现病征了，应该上医院找医生看看。而有些征兆，不是身体疾病，而是精神因素导致的，即使去医院看了，也查不出患有什么病的，应该考虑去找心理咨询师做咨询或者找精神科医生看。术业有专攻，且每个专业领域都有它自己的规范和要求。心理学是一门大学科，下面划分为不同类别，包括教育心理学、管理心理学、社会心理学等等，还有与法律有关的犯罪心理学。临床心理学与其他领域的心理学肯定有所不同。早在 2005 年，教育部、卫生部、团中央联合发布了《关于进一步加强和改进大学生心理健康教育的意见》，提出要遵循大学生心理发展规律，开展心理健康教育，做好心理咨询工作，提高心理调节能力，培养良好心理品质，促进大学生身心健康协调发展。咱们厦门大学的心理咨询与教育中心拥有数位专任教师和专职心理咨询师，专业、精干，这些年来，工作卓有成效。方老师要回应听众的问题吗？

方 亚：　　　好的，我补充一下。刚才都在谈论健康，实际上，对健康，是有一个权威定义的，就是世界卫生组织对健康从十个方面作了一个定义；大家可以上网查看。一个人健不健康，主要就是从生理、心理和社会适应上面来看，具体有十个指标来衡量、判断，大家可以对照看看自己是不是健康。另外，我想强调一个观点，预防是大于治疗的，为什么呢？因为预防，从经济学角度讲，它是非常有经济效益的，现在，中国有多少慢病的病人？目前已经有 3 亿人了。但是，花了多少钱呢？花了 3 万亿。要知道，3 万亿钱如果用在经济建设等等方面，是不是非常好。所以，我们要舍得花一些钱、成本在预防上面，预防做好了，可以减少很多医疗费用支出。令人痛心的是，花费了三万亿钱，人还是残了、死了。关键的是，我们的生活质量大大降低了。所以说，预防是非常重要的。下面，我回答几个提问。第一个，问"您认为一个成功女性应该具备什么样的特质？"这个成功，也是我一直追求的目标，希望自己是不断地去多付出，自己多做一些努力，实现自己的价值。我自己这么多年的学习和工作的体会呢，我觉得要想成为一个成功的女性，实际上，可能一个是健康，这是最基本的，另外呢，就是要自强、自信、自立、自尊、自爱。因为做一个女人难，做一个强女人或者成功的女性更难一点。希望我们在座的女性呢，可能都有自己的一些想法，但是，从我个人感受上，可以用这六个词概括。第二个呢，就是怎样进行自我健康管理。实际上，现在的很多健康体检跟健康管理还不是完全一样的，现在有很多地方都在做健康体检，这个体检只是健康管理的一部分。我们说，健康管理实际上分三个环节：第一个环节是监测，或者是你自己监测自己的一些身体的指标，比方血压、血糖，这个都有一些设备自己可以测得到的，或者可以到医院去做体检，比方，定期体检，特别是四十岁以上人，应该每一年做一次体检。如果年龄更大的话，可能频率会更高一点。定期的体检，就是要监测。监测完了以后，我们就要进行第二个环节，即健康评估。这个评估是谁评估呢，可以让一些医疗机构、一些专业人士给你评估，看你是属于健康的还是不健康的，或者是亚健康的。第三个环节是评估之后的干预。如果说你现在是一个健康人，要恭喜你；你还可以继续维护你的健康，按照你的生活方式生活。如果是亚健康的话，那就应该要开始注意预防了，因为还没有发展成为一个患者，还可以往健康方向发展，这个时候就要加强预防。比方说，缺乏锻炼，那你就要去锻炼，刚刚赵老师也讲到了锻炼的一些基本的时间、适度的问题。

　　讲到预防，还有吃的方面，因为我们健康的很多方面，实际上跟吃有关系。这里，我跟大家介绍一下中华预防医学会会长王陇德院士的观点。关于吃，他提出了"10个网球"这个概念。他把每一天的食物分成四类，就是肉、主食、水果、蔬菜。这"10

个网球"，就是肉食，一天每人吃一个网球大小的量，就可以了，这是第一个网球。两个网球呢，就是主食，一天就吃两个网球大小的主食。水果呢，一天要保证吃三个水果，有些人有这方面的体会。有很多研究表明了，经常吃水果的人，患冠心病、中风，还有一些肿瘤的发病风险是可以降低的，所以，水果对我们人体健康是有好处的。然后是蔬菜，每人每天可以吃超过四个以上网球大小的蔬菜，因为蔬菜里面有很多纤维、粗纤维等，不管是从我们营养角度还是从肠道清理上说，这些都是有好处的。我们说四类食物呢，每天就是一、二、三、四，一共就是10个网球大小的量。做到了这个，就相当于做了干预。如果你的健康管理师或者医生已经给你提了建议的话，你可以按照这些建议去进行自我干预。我目前正在做的一项研究也是希望通过做健康大数据，我们拿到了几十万的数据，正在建立一些疾病风险预测模型，希望这些模型可以成为一个可视化的一个结果。比方说，糖尿病，我们就把一些重要的危险因素筛选出来，然后，让这样一个模型可视化，你可以把你的有关指标输进去，然后，它马上可以跳出来，测评出你是高危人群还是低危人群，那么，所有疾病，如果说都能够有这样一个办法进行早期监测来进行预防的话，对我们就是真正做到健康管理了。自我健康管理，实际上就是自己从刚才说到提高自己的健康素养、培养健康的生活方式，再一个加强健康监测，再去进行评估和开展干预，这几个方面来进行，应该花时间和精力去做。我相信，这对每个人的健康都是非常有益的。谢谢大家。

蒋　月：　　　　谢谢方老师。刚才方老师讲得非常好，我们每个人都要为自己的健康进行投资，包括投入时间、精力，金钱，是吧。听到"10个网球"量的日食物建议时，有没有吃货感叹，"那不是一顿餐的食物量吗，要平分给一天吃，臣妾做不到呀!"无论如何，兼听则明嘛，请大家参考。谢谢。时间过得非常快，我们对话已经接近尾声的时间点了。我请每位嘉宾做最后小结。从左边开始，除了刚才讲过的，每位嘉宾还想跟听众分享的，三言两语，送给我们在座的每一位，您认为最精要的意见和建议，好吗？谢谢。赖老师，您先请。

赖丹凤：　　好，一两句话哦。又下雨了，厦门的三月是湿漉漉的天气，希望各位同学在接下来的阴雨天里格外注意你的心理健康，关注我们的情绪，谢谢!

蒋　月：　　谢谢赖老师，真是非常应景，又超简短。谢谢。有请齐老师做个小结。

齐忠权：　　好。我希望在座的每一个人都有快乐的心情，然后，正常地起居，平衡地饮食。

蒋　月：　　太精要了，谢谢齐老师。接下来，有请王老师。

王彦晖：　　我就不送话了。有一张提问卡，我一定要念一下，不然对不起他／她提了三个问题。第一个问题是"无论中外，女性平均寿命都高于男性。在堕胎时，男婴比女婴容易打掉，男婴跟男童的存活率小于女婴女童，请问是什么原因？"第二个问题是"女性多愁善感，动不动就一哭、二闹、三上吊，情绪不少，眼泪多，请问女性是不是发泄后得以长寿的？"与这个问题有关的书，我还真看了一点，有一本书叫《进化医学》，里面讲到了三无临床医生都能观察到女性的病比男的多，为什么？因为女性的生殖系统病太多，乳腺、卵巢、子宫，都很容易生病。病多多的，但是，结果呢，女性要比男性普遍长寿很多。虽然不只有这一点，不过，这个是关键点呢，为什么会这样呢？关键就是女性对健康比较敏感。所以我刚才在数，第一排后面的听众，男女比例大概是一比三。可见，女生比较关心健康，男性比较不关心。女生呢，虽然她身体毛病多，但是，由于她对健康比较敏感、在意，所以，大家可以观察到几个现象：第一，女生看医生比男的多，门诊是肯定的，女生比较经常去看病，有点不舒服，她就去看医生，大病就变小病，小病就变没病。第二，同样都有一些不良习惯，比如，抽烟、喝酒，男女都有，但是，女的肯定比男的性质和程度都要低很多，所以，女性的生活习惯要比男的好。从这一点上讲，男生是应该向女生学习的。第三个问题，我觉得问得非常棒，"王教授，您下一辈子希望是男的还是女的？"，哈哈，这个问题，我还真想过，现在好久没想了，所以，勾起了我童年的回忆。我童年被欺负，有时候想当男的，有时候又想当女的。现在，我的想法最好是顺其自然，不生为那种不男不女、又男又女的阴阳人，就行了，谢谢。

蒋　月：　　　有请方老师。

方　亚：　　　今天很高兴在这里和大家一起畅谈健康和人生。我衷心祝愿各位不仅是活着，而且是健康地活着。长寿，不仅是长寿，而且要健康的长寿。谢谢大家。

蒋　月：　　　非常感谢方老师。现在，赵老师有备而来，她要用一种特殊方式跟大家做交流。赵老师要教大家做轻松操、跳健身操。赵老师，请吧。

赵秋爽：   首先，我很感谢厦门大学给我提供这个机会跟大家一起分享科学、健康、人生和性别这几个大的理念，我很开心。其次，我送四个字母给大家，第一个字母是"S"，Sports，第二个是"H"，Health，第三个是"H"，Happy；第四个还是"S"，是Sun。"我运动，我健康，我快乐，我阳光！"大声说出来，一起来说一遍。很好。最后，送给大家一套舒缓伸拉操，因为今天这个时间有点晚了，我们的情绪不宜激动，因为晚上还要回去睡觉，保证我们的睡眠，记住我们齐院长的十点钟睡觉。好，接下来，我们开始舒缓伸拉操，请我校拉拉队的几位队员上台来，跟大家示范一下。

蒋 月：   大家坐在座位上，就可以跟着赵老师做操。谢谢。

赵秋爽：   很简单，大家坐在座位上，就可以做了。只用轻松的五分钟，就解决了你今天晚上的睡眠问题，很划得来呀。

蒋 月：   对，赵老师和她的伙伴带领大家一起做，各位老师和同学只要坐在座位上就可以做了，谢谢。我也赶紧放下话筒，学起来。

赵秋爽：   好，接下来请大家开始。音乐（准备）。音乐是我们凤凰花开的音乐，我们厦大就有美丽的凤凰树。

    （音乐响起，全场跟随赵老师和她队员的示范动作及讲解一起做舒缓拉伸操。）

赵秋爽：   好，谢谢大家。

蒋 月：   谢谢赵老师和她的团队的精彩分享！亲爱的老师们、同学们，我们今天第二期芙蓉湖畔对话，关于科学、性别、健康、人生的对话已经全部完成了。今天晚上，我们进行了一场身体、精神、心灵的交流和分享，希望有助于各位更加健康地生活，更加快乐地工作。谢谢各位嘉宾参与，谢谢各位听众参与。谢谢各位支持，谢谢各位光临！那么，对话到此结束了，谢谢，谢谢。祝各位健康。

下面，我们举行一个简短仪式，为对话嘉宾和主持人颁发纪念牌。有请厦门大学党委副书记、纪委书记、校工会主席赖虹凯老师、厦门大学副校长、厦门大学妇女/性别研究与培训基地主任詹心丽老师、厦门大学党委原副书记、厦门大学关工委主任陈力文老师给各位嘉宾颁发纪念牌，谢谢，有请！

（颁发纪念牌，并拍照留念）

蒋　月：　　　谢谢各位老师、同学参与。欢迎各位继续关注下一期"芙蓉湖畔对话"活动。晚安！

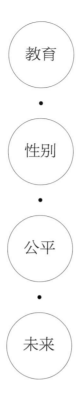

教育

·

性别

·

公平

·

未来

嘉　宾 ／ 厦门大学化学化工学院院长、研究生院常务副院长、教授　**江云宝**

　　　　中国妇女研究会副会长、原福建江夏学院副院长、教授　**叶文振**

　　　　厦门大学教育研究院教育经济与管理研究所所长、教授　**武毅英**

　　　　厦门大学管理学院管理科学系主任、教授　**彭丽芳**

主持人 ／ 厦门大学法学院副院长、教授　**何丽新**

时　间 ／ 2017 年 11 月 16 日 19：00~21：00

地　点 ／ 厦门大学克立楼三楼报告厅

何丽新：　　　感谢艺术学院的刘景峰同学给我们带来非常欢快的笛子独奏《大青山下》。随着这欢快的乐曲，我们进入第三期芙蓉湖畔对话。现在展现在大家面前的我，是名女性。我们今天对话的题目是——教育与性别。法律非常强调公平。教育公平是所有几代人追求的梦想。习近平总书记在十九大讲话中道出了教育观的精髓，是让每个人都有人生出彩的机会。只有教育公平，人生才能出彩。就在今年，联合国女童和妇女教育奖颁奖仪式在咱们厦门大学建南大礼堂举行，彭丽媛教授为获奖者颁奖。这个奖项彰显出教育必须关注性别视角。今天，我们就是从这个视角来讨论"教育·性别·公平·未来"。

　　　2005 年初，时任哈佛大学校长的劳伦斯·H. 萨默斯在一个经济学会议上发言时，说"我可能要提及男女先天不同的因素。尽管人们更愿意相信男女表现上的不同取决于社会因素，但是，我觉得这点还需要进一步研究"；他的研究结论是"女性学理科天生不如男"。在场的哈佛大学校友、时任麻省理工学院的生物学家南希·霍普金斯马上离开会场，以示抗议。萨默斯歧视女性的言论，立即引起美国和西方主流媒体舆论的强烈抨击。哈佛大学女教师委员会写信给萨默斯，批评"他的行为给学校的名誉带来了严重损害"。为此，他不得不公开道歉，并表示要为女教师提供更多科研经费。然而，要求他"下课"的呼声仍不绝于耳。2006年迫于压力，他不得不在2005~2006学年结束时辞职。2015年，英国科学家亨特博士，他也是诺贝尔奖获得者，他在一次记者会上谈到实验室要实行异性隔离制度。他说，我来告诉你，和女孩混在一起很麻烦。当你们同处一间实验室，往往会发生三件事：你爱上了她们；或者她们爱上了你；或者你批评她们，她们就会哭。这是科学家谈到的这个实验室的异性隔离制度。这位经济学家为他这番言论而被迫辞职。早在1636年哈佛学院就开始招收法学院的学生，但是，一直到270年后，在1950年，法学院才招收第一个女学生。人类经过了多么漫长的岁月，女性才走进了法学教育这个公共领域。那么，进入21世纪以后，我们应该怎么来看待性别问题呢？性别与教育是什么关系呢？我们今天邀请几位大专家来谈论这个问题。我们今天邀请来的几位专家都是大名鼎鼎的老师。

首先，有请厦门大学化学化工学院院长，江云宝教授。江老师是一名科学家，就在一个小时之前，他刚刚被任命为厦门大学研究生院常务副院长，祝贺江老师履新。大家知道吗？在两个月前，网络盛传厦门大学教授中有八大男神，这八大男神教授有三个特点，一是上课赞；二是才艺多；三是颜值高。在百度网上，对江老师是这么评价的：他以一张证件照闻名，据说他现在减肥成功更帅了，他私底下还是拍照狂人；上班路上，他经常一路拍过来，天空、教室、树木、鲜花，都是他拍照的对象。有请江老师入座。今晚的第二位嘉宾是叶文振教授，他是中国妇女研究会副会长，曾任厦门大学公共事务管理学院副院长，后来调任福建江夏学院副院长。叶老师的称号非常多，让我非常敬重。在今年父亲节，他写了一段话，这段话的主题是"女儿是一所好学校"。这段话，我认真地拜读了，感人至深。他在女性论坛上为大家解密婚姻幸福的妙诀，让很多男女读者都非常向往幸福婚姻。他的著作《女性学导论》荣获福建省社会科学优秀成果一等奖。他尊重女性，研究女性，是女同胞们欢迎的最佳绅士。我们请叶老师入座！第三位嘉宾是武毅英老师，她是厦门大学教育研究院的教授。大学生的就业问题、大学生就业流动问题、大学毕业生遇到的结构性失业问题，都是柔和美丽又能干的武老师的研究对象。欢迎武老师登台入座！第四位嘉宾是彭丽芳教授，她是厦门大学管理学院的管理学专家，她是厦门大学"2015年最受欢迎的十位老师"之一；今年，她刚刚获得了"福建省优秀教师"荣誉。彭老师不仅学问做得好，而且是广大学生心目中的老师妈妈。掌声欢迎！

当主持人，我有点小紧张。我曾经在有7000名听众的场合讲课，也不曾有今天这么紧张。好，马上进入今天的主题。我们把今天的主题分解成下面三个小议题来谈：一是"性别与学科专业特色"；二是"性别与人才培养"；三是"教育公平与两性发展"。我们先看一组数据，某高校近三年的数据，大家不要对号入座喔。在9个文科院系，招录学生中的男女性别比例分别是，法学院3:7，政府管理学院3:8，外文学院1:3，文学院1:4，海外教育学院、新闻传播学院均是1:7；理科院系中，计算机科学物理学院、电子科学与工程学院，男生占到72.02%。我是法律人，所以，对法学院的数据特别感兴趣。我说个例子，法学院的宪法专业是多么好的一个专业，有一年招了6名女生、1名男生。开始上课，这个男生在课堂上非常活跃，后来，却连课都不愿意去上了。为什么？我找这个男生谈话，问他："怎么不去上课啊？"他说，"何老师，我寡不敌众，只要我一发言，六个女生就会群起而攻之。斗不过这些女生，所以，没法上课"。经常有人说有一句话"理工男文科女"。文科跟理科之间，有没有性别差异？怎么看待性别与学科学习优势问题？我先讨教江老师。江教授，您是不是有什么妙招可以帮助女生或男生更好地掌握理科或工科的专业？好，下面，我们请江老师！

江云宝：　　今年是我到厦门大学的第 37 年。从本科生到今天，这是我第一次坐在这样的对话平台上，跟各位老师、同学们谈这个我专业以外的事情。对于今天这个主题和三个小题涉及的问题，我平时也都没有认真思考过，就说一些我的粗浅感受吧。听了何老师刚才的话，我很高兴，至少在化学化工学院，男女生人数比例是 52∶48，也就是既有理工男，也有理工女。现在，可能在文科院系里，女生人数多一点，男生少一点，我不好做太多评价。对于化学学习，我觉得男女生之间没有根本性区别！在座的文科女同学不知是否同意这个说法？如果你们当年选择了化学系，一样可以取得好的成绩。不过，社会目前的状态中，人们的认识受种种影响，可能有人觉得文科学习或者文科的研究是稍微更符合女性特点的。我不完全认同这个观点。我不知道，我这样讲是否符合目前的情势。从我的学习或工作实践看，我们化学化工学院的教授中，也有很多女教授，也有很多杰出女教授，特别是有很多杰出的青年女教授。去年，我们有一位"青千"（指"青年千人计划入选者"）就不到 30 岁。我们有两位"优青"，[1] 都是女性。就是说，无论这个女生、女同学选读了化学系或者选择读物理系，还是选择读了其他系科，都是可以学好的。当然，如果男生选择了文科的院系，同样可以学好。我觉得，不管是什么学科，实际上，难易、竞争都是类似的。我

1　"优青"，其全称是国家自然科学基金优秀青年基金。通常说，一个人是"优青"，是指他／她是获得国家自然科学基金优秀青年基金项目资助者。

没学过文科，不太清楚，我猜想应该是一个样子的。当然，其中也确有一些社会环境约束的影响。例如，化学，可能念到硕士、博士的女研究生很多，但是，将来真正走上科学研究道路的，就会少一些。但这个现象并不意味着这些女生的水平问题，而是走上社会以后，社会分工和需求的变化，自身的意愿等等，一部分女生的职业规划和职业发展跟男生就产生了区别。对这一点，我有深刻体会。在我的实验室里，我看到台下坐着好多位我实验室的研究生，多年来是女生多过男生，她们毕业以后，有的做化学研究，有的就从事其他工作，但是，她们都过上了幸福的生活，都为国家做出了大的贡献。我讲不出什么高大上的道理，我觉得性别意识要加强，也就是，我是男生就是男生，我是女生就是女生，学习什么，严格讲不是非常重要。那么，学习了以后，将来从事什么，也并没有严格的一一对应关系。化学化工学院的女生，她们都过上了幸福的生活，都为社会做出了那么大的贡献，我觉得就是一个最好的例证。

谈到教育公平问题，今天在经济发达的地区，男女生的教育应该是基本公平的。但是，在经济相对不太发达的地方，因为受到社会条件、经济条件的限制，特别是受到部分旧观念的影响，可能更多地让男生去读书了。我在想，这些家长或者这些家庭，因为家庭困难，暂时不能让所有子女都去读书、都去上学，但仍设法让男孩去上学，实际上反映了这个社会、这个家庭至少知道教育是重要的。即使那些自己没有读过书的女生，将来结了婚、做了妈妈以后，她们也都知道读书的重要。可喜的是，目前的状况已经有了很大的改善，这样的现象已经很少了。另外，在大学里，学习的学科固然重要，因为你可以马上走上社会，从事熟悉的工作。但是，人生的路非常的长，涉猎其他知识、尝试其他的努力都是值得的。同学们，特别是年轻女生，要尽情地享受年轻时的美好时光，抓住时机好好学习，这个比什么都重要！不管是男生女生，只要好好学习，有一个努力向上的心态，一定都会成为对社会对自己有用的好人。

何丽新： 在江老师的实验室里，男女是平等的。江老师有个理念，就是女性走出实验室，在社会上还要有自己的生存方式。江老师的视野很大，站在全人类的角度，承认女性为家庭做出的贡献，是坚持平等观的。大家知道，男女两性的差别是客观存在的，因为这是一种自然规律。我想问问我们的教育学家，男性的猎奇性或者是好奇心是不是比女性来得强？那么，在学习行为方式上，在提问或者去钻研某些更有挑战性的问题上，男女生有没有表现出差异呢？从教育学角度，怎么看待两性的学习行为或学习特点的差异性？有请武老师来谈。

武毅英： 主持人提的这个问题，确实是我们学者关心的，也是老师关心的，更是同学们关心的。实际上，从心理学、生理学、脑科学的角度来解释这个问题，它是有整体性或统计学上的意义的。一般而言，女生会比较感性，男性则比较理性。在智力方面，男性与女性整体上没有显著差异，但是，在两性的思维特点和心理特点方面则存在个别差异。我们刚才说女性比较感性，是指女性对人和事的感知更细腻，甚至带着感情色彩，女性的优势主要在于发散性思维能力方面，而男生的理性则表现为对人对事的感知比较粗线条，较少附带感情色彩，其优势主要在于空间识别能力或思维的聚合能力方面。为什么会有这样的差异？实际上它跟我们从远古时代一直延续或传承至今的男女分工有一定的关联性，早期的男性主要靠打猎和集体作战维生，所以更关注物和方位的变化，他对空间的判断能力相对也会更准、更强些，长期锻炼下来便成为一种遗传基因。那么女性呢，从远古时代延续至今，其基本分工仍主要是照顾家庭和孩子，所以她会比较关注人、情感和细节的东西，因而也比较感性。但这种差异并不表明"男性的理性特征就是优势，女性的感性特征就是劣势"，绝对不是的，而是说，这叫作各具所长、各有优势。在当代社会，随着两性社会分工的逐渐演化以及两性平等意识的日益增强，两性的社会角色也已改变了许多，智力能力上的差距明显缩小，只在某些具体维度上存在差异。至于说到男生女生对"猎奇"的差异，我认为，男生可能比较关注"物"或富有挑战性的东西，比如机器人、计算机、信息技术等，而女生则比较关注"人"或与之相关的情感和心理问题，对直观的、想象的、记忆的和非挑战性的东西会更感兴趣些，但这也不是绝对的。

先说两性对学科和专业选择的差异性问题。我认为，两性在学科和专业的选择上多少会受上述因素的影响，但不是绝对的。性别是天生的，是没办法说你一定要去把它吻合了，抚平了，或变成中性人，不是这样的。讲性别差异，要有两个维度，一个是先天的，一个是后天的。先天的维度呢就是生理和心理特征方面的差异，后天的维度呢是指通过教育形成的性别差异，后天的教育包括了家庭教育、学校教育、社会教育和自我教育在内，是各种教育因素综合影响的结果。所以，个体对学科、专业、学校的选择出现的多样性与差异性特点，也是后天而不是先天因素影响的结果。换言之，对学科、专业和学校的选择不能简单地用男性标准或女性标准来衡量，它是后天各种具有指向性因素影响的结果。你可能会说理工科里面男生较多、理工科对社会的贡献更大、优秀的人才大多是男生或理工男，等等。实际上，对这些说法的回答可归结为两个方面：其一，不应用男性的优势学科作为成功与否的标准来衡量女性，女性选择自己喜欢和擅长的学科本无可厚非，但用男性标准来衡量就有些牵强了；其二，每一行都有它自己成功的标准，但绝不应仅以男性优势领域的成功作为人生成功与否的标志，女性也有自己出彩的优势行业和领域。

　　再说两性对高等院校选择的差异性问题。如果我们非要从具体数字来看，那么，目前普通高等院校在校生人数或比例，女生的总数均已经超过了男生，包括成人高校的本科、专科女生全部的比例也都超过了男性。但从学历分层角度看，性别隔离现象依然存在。特别是在专科、本科、硕士到博士这几个学历层次上，呈现出越往高的学历层次女性聚集人数就越少、男性聚集人数就越多的特点。事实上，教育层次上的性别分野不是在大学里面产生的，而是在中学阶段就出现了。中学阶段很多男生要么调皮捣蛋不爱念书，要么辍学去打工，而女生则多数比较认真，比较勤奋，所以在中学阶段，你去看统计年鉴的数据和比例，就会发现近几年都是女生高于男生。再往上到了高中阶段，由于原来女生基数就比较大，那肯定是女生的人数会更多了。到了大学和研究生阶段，女生的比例基本都占到52%。但在博士生阶段，情况则有些不同，女博士生只占到了38%左右。为什么人数会偏低呢？女生在这个时期大多进入婚育期，对于继续读博或工作可能会有不同于男生的考虑和选择，所以博士生阶段的男生多于女生是可预期的。从总体情况来看，近年来各学历层次的女生人数都有明显增加，正在接近或超出男生的比例，显示两性间的学历差异正在日益缩小。好，我就先谈到这。

何丽新：　　　谢谢武老师。武老师讲到了女性的情感，我们知道，过去有很多女性是通过婚姻来改变自己的命运。大家有没有注意观察，在大学校园里，有一种非常有意思的现象，为什么文科女生谈恋爱的多，文科女生想结婚的也多，而理科的女生似乎是少一些呢？是因为她们学了理科，在思维上已经接受了更理性教育？还是她们的学业压力太大导致的这个现象呢？彭老师关心学生是事无巨细的，恋爱、婚姻的事，学生都会向她报告和她讨论的。请问彭老师，您怎么看这个问题？

彭丽芳：　　好，谢谢主持人把问题抛给我啊。我先说一个开场白，我跟江院长一样，第一次在厦门大学以这样的角色来和老师同学们互动，以前都是在专业场合、在专业知识层面上与学生、同事互动。何老师抛给我的这个题目，是在我的专业教学科研工作之余，更多时间去观察学生，去帮助学生的一个过程。我本身读书时是学工科的，工作以后读博士是读经济学，转到社会科学这边，现在是在管理学院工作。所以，确实对于这方面，我有一点点感触。在座的同学中，应该文科和理科的女生都有吧？何老师的问题是读了文科的学生，谈恋爱的或者想结婚的人多，可能有这方面的现象。

　　我给大家提供一组数据。大约一个多月前，华中科技大学有个课题组拿出了一组数据，说现在的大学校园里，45%的男生和51%的女生已经或者即将坠入爱河。这个数据是没有区分理科和文科的，只说根据学生的性别，男生的45%和女生的51%。如果从高比例来说，确实是像何老师刚才说的，文科的学生比例最高，第二层次都是工科的，最后一个层次的是理科的。为什么有这两种？我刚才想何老师说的这两个原因都有。大家知道，在高二的时候，学生就面临要分科的问题，读文科或者理科，到今天，咱们国家的高考也依然是如此选择，所以，高二就有文科理科分开。按刚才武老师的观点，就是学生选文科本身就有更多的感性，越是感性的孩子，越愿意去接触美的东西，爱碰到爱的这个思维、爱的这个方面的内容。从这个角度来说，学文科的学生坠入情感的、坠入爱河的比例会高一点。当然，我相信也有第二个原因，因为我本科、硕士都是学理工科的，学业压力确实非常大，这是跟文科同学比较起来相对而言，所以，也有您说的这第二个原因，因为学业压力太大，没有多的时间去花前月下，所以，可能这方面的比例会少。这是我观察学生和看一些资料得到的一个体会，但是，我谈不出自己的个人体会。谢谢。

何丽新：　　　　谢谢彭老师。我很小的时候就很好奇，我为什么是女生？刚才武老师有说到一个问题，人的性别是教育出来的。也就是说，如果一个人出生是女性，然后，父母一直按照男性的标准进行培育，是不是在性别上，在为人处世、做事上会导致这个发生改变？关于专业选择、职业选择，哪些因素会影响你决定？有一组很有意思的数据说，按影响程度从大到小排列，居第一位的是家庭背景；第二位是父母的职业；第三位是父母的专业；第四位是父母受教育的程度；第五位是父母的收入。这些因素对子女选择什么专业读书、从事什么职业，都会产生影响。叶老师有两个非常聪明能干又漂亮美丽的女儿，其中有一个是在美国学了牙医。我们想，叶老师是全国顶尖的性别专家，可他的女儿去学了牙医。我来问问叶老师：您作为父亲，在专业啊、收入啊、职业啊方面，是如何影响和教育您的孩子的？您怎么引导她们做职业选择？

叶文振：　　　　非常感谢主持人。首先，我应该感谢赖虹凯副书记，还有詹心丽副校长的邀请，让我再次从福州回到我们美丽的母校怀抱，同时能够来到今天这个对话的现场。这是我非常难得的一个经历。我是 1978 年初入学，是七七级的，现在算起也就是入学整整 39 年了。我念的是经济系的统计专业。哦，今天我也是第一次化妆登场的，谢谢学校给我这样一个待遇。我和江院长有一个共同的心愿，今天我们是来陪衬三位美丽的女教授的，让我们用掌声向她们致敬。

刚才说的这些话题，我觉得，首先有一个概念恐怕应该在这里澄清，就是我们每一个人，不管是男性还是女性，实际上都有两个性别，一个是自然性别，一个是社会性别。自然性别就是与生俱来的、体现了我们男女之间的生理、生物学方面的结构差别，这是不可以更改的。另外一个性别是社会性别，它是后天通过我们一系列的人生活动，再造而成的。从再造的结果可以看出来，我们男的也可以变成女性的那样一种社会性别，如女性有一个兰花指的动作，我们男性也可以这样啊，对不对？这就说明社会性别是一种结果，它来自一系列性别文化与制度，对我们每一个人在参与社会活动当中所进行的再造过程。联系到这个概念的明晰，我认为，如果我们整个社会文化领域都是坚持男女平等的原则，不仅提供同等的机会和资源，而且还不让我们的女生在追求更高学历时付出更大的性别代价，那么这种性别上的学科和专业分布，就不应该与我们的性别有任何的关联。从这个角度来讲，说女生只擅长于少数几个专业或者学科，是缺少社会性别意识的，是一种男性中心意识的想当然。再说严重一点，这是对女生的一种偏见，是一种性别歧视。这是我的观点。

首先，从整体上看，实际上也是最重要的，现在大学生当中，本科女生比例已经超过一半，达到了 52%；女研究生占比也接近 50% 了，随着时间的推移，这些比例可能还会升高，还有女生在不同学科的分布也会进一步得到改善。我觉得，这个改善指日可待。从个体讲，举个例子说，今天这个场面让我回忆起当年我在厦门大学念书的时候，我学的是计划统计，刚才说过。在我们班上，数学学得最好的是叶老师我，在厦大美丽校园曾经表白过爱意的，而且是唯一一次，却被拒绝了，对方当然是一位女生。说到我的小女儿，是我在美国留学时，在普林斯顿大学的校园里出生的。她从小就喜欢体育，上大学本科时，念的是会计专业，到了研究生阶段，她攻读的是美国宾夕法尼亚大学牙科学院的牙医专业。明年 5 月份，她就要学成了，成为一名牙医。正是因为她念了牙医，谈恋爱的对象也是同校的牙科研究生，高她一届。大家可能会问，为什么我小女儿会有这样大跨度的学科领域的大转移？我告诉大家，如果我们的高等教育不设立任何学科疆界，让我们的孩子能够根据自己的兴趣发展，来进行学科专业的重新选择，我相信，大家也包括我们所有的女同学，也一定会既可以在文科学习，享有更多的浪漫，也可以到理科读书，像我们江院长那样，变得非常严谨。我觉得，这里面是没有任何性别差异的。我想用我小女儿成功的经历告诉大家，只要我们有一种坚持，只要我们能够执着，只要我们能够寻求到家庭特别是父亲对自己兴趣发展的支持，只要我们高等教育能够有进一步的改革，我相信，不管是男生还是女生，实际上，我们都可以驰骋所有的专业和学科，我们女生甚至可以称霸更多的学科和专业。谢谢大家。

何丽新：　　谢谢叶老师。这么一讲，有没有从没有踢过足球的女生想明天就去踢足球了？在足球场上，男足们显得很男人的，但是，我们女足也是铿锵玫瑰！我提醒大家，听众手里都有提问卡，可以把你想问的问题写在提问卡上，交给工作人员，待会儿让嘉宾老师们回答。哈哈，我这个主持人是可以豁免的，可以不做问题题。第一个议题讨论，我们就先到这里。

下面，进入第二个议题，关于性别与人才培养的问题。有很多人好奇，我们现行的考试选拔制度是否存在对某个性别比较有利的问题？是更有利于男生还是更有利于女生？在人才培养过程中，男女两性的性别在其中扮演了一个什么样的角色？高考是一个非常重要的人生阶层的选拔。让我们看一组数字：最近七年，广东省高考，一共产生了17名状元，其中女性占70%。在我们统计的全国30个省份中，66名高考状元中，女生占46个，男生只有20个。女状元人数远远超过了男生。我也去查看了重庆市的录取率，女生录取的比男生多出两万人。对这些数据，可以做多个层面的分析。请想问江老师，对这个议题，您有什么看法？您能不能跟大家分享一下，理工科中学习成绩好的女生具有什么特点？有没有传闻中的女性中性化的特点？有请江老师。

江云宝：   这个问题，对我而言是比较困难的。今年是2017年。在2015年的时候，我曾经跟给我儿子说，"哎呀，今天我才想起来，爸爸当年也是高考状元呢"。谢谢大家这么热切的鼓掌。我们一个县里有十个区，我只是其中三个区的状元。对于高考的这些女生状元，应该讲她们是学习好的考试成绩好的，这个必须承认。那么，现在有人可能问：大学毕业、走上社会以后，这些女生做什么了？可能因为她们没有像大家期望那样去做科学、成为所期望的成功人士，才会有这样一个议论话题。实际上这是一个不太准确的说法。我们也一直在思考一个问题，正确的幸福观是什么？什么是成功？年轻的同学们可能对这个问题也还没有很多思考。在我的课题组网页上，我们转载了一篇文章，是发表于 Science（《科学》杂志）上的一篇论文，这篇文章说的是 spending money on others promotes happiness，译成中文是"把钱花在别人的身上，会产生幸福感"。对年轻人来说，或许还没有太多这个认识，或者有一些但不深刻。我们这个年龄的应该就有些这个概念了。可能在座的各位年长的老师都知道，出差回家的时候，如果是男生，时常想着要给妻子儿女买些小礼物，如果是女性要给丈夫孩子买些东西。年轻的孩子对学习以后做什么，跟他的成功意识有关。我们用成年人的眼光来看这些小孩高考读什么专业、以后发展怎么样，可能不很准确。这是一个方面。第二个方面，高考实际上就是一次考试，哪怕是成绩高中了状元的，也不能说这个孩子一定就是最好的，应该讲她或他是比较好的，或者是非常好的。如果她或他将来的performance（表现）也很好或者比较好的，那我觉得就 OK（行）。一对一地比较可能会产生一些偏差。这是我回答何老师提的第一个问题。

学习好的女生是不是可能呈现中性特质？我是坚决不同意的。我现在还是化学化工学院的院长，我觉得我们化学化工学院所有女生都很优秀、学习都很好。为什么这样认为？因为在理工科当中，化学确实是比较难学习的。特别是物理化学课程，我们学化学的同学都知道，男生女生都"畏惧"啊！可是，一位毕业于我们学校的老师，因着物理化学的强大优势，工作极为出色，几年前就当选院士了！我们有好多老师、同学都见过这位漂亮女院士。还有不少优秀的例子，她们的事业生活都很成功。可能有极少数女同学过于钻研，平时不太注意打扮、不太注意修饰，但她们的内里是美的啊！当然，我基本上可以估计这部分女生不是我们化院的学生。我们一直期望我们的女学生们记住，你是女生，你是化学的女生。化院在建设 Ea 咖啡厅时，我们扛来了很多书籍放在咖啡厅里，其中更有很多关于针织、烹饪、插花等的书籍，有些老师和同学都很是惊讶。实际上，就是希望我们的女生，化学的女生们，个个都是好女生，不仅会学好化学，还懂生活、热爱生活。

对于刚才何老师提到这个问题，我觉得，对于在座的年轻女同学、男同学，一样都很重要。可能在中学的时候，因为忙于学习，父母都宠着你，每天早上起来，7 点钟要走去上学，6∶50 被叫起床，呼呼洗一下、梳一下，东西一拎就走了，去上学。女生可能更无时间和心思在走向教室之前照一照镜子，看一下我今天漂亮吗。我住在厦大校园里的海滨东区，上班多是走到化院这边来。一路上，我看到拎着食物、边走边吃的女生，还占不低的比例。现在不少家庭里，因为"快"节奏，父母跟子女，并没有太多机会坐在一起吃个早饭、一起聊聊、说说话。所以，我甚至期望化学化工学院的男生、女生们出门前考虑要"打扮"一下。男生们每天早上，头发洗得干净、喷点儿发胶，感觉不就更清爽了吗？女生，不一定穿着多么好，但是总是要整洁雅致的，怎么可以边走边吃呢？所以，今天何老师提这个问题非常好。在化院，我们已经邀请了厦门航空一名乘务经理来教教大家怎么做好日常的妆扮，这个很有意义，同学们反响很好。我觉得，在座的各位同学，不一定说刻意要做什么样的人，但是，总是要有一个样子。如果从明天开始，大家回去告诉宿舍的舍友，明天我们一起去食堂吃早饭，再洗漱、照照镜子，再去上课，感觉一定更清爽、更抖擞吧。其实这些也可能只需要提前 5 分钟起床吧，但是，这样做却会有很多好处，至少同学交流多了些，也学习着得如何更好地跟同学交流。第二个呢，我们在化学化工学院也创造了一些条件，学院大楼的两个大厅里都安装有镜子,方便大家偶然照照;洗手间里分别设置有化妆间和淋浴装置,必要时用用,多好!

何丽新:　　谢谢江院长。化学化工学院在林晖书记和江院长两位主管领导下，他俩还都是帅哥，男女生们都幸福极了。人才在整个培养过程中，有一个非常重要的环节，就是人才出口问题。大家知道，在应聘过程中，经常会出现一种现象，比如说，法官，这是非常威严的一个职业，现在的男女法官比例不平衡的情况非常严重。为此，有些法院招聘的时候，就搞男女生分开招录，男生招几个，女生招几个。厦门大学法学院的很多师学生就认为，这是性别歧视,因为招聘没有在同一个门槛里面进行。现在，部分用人单位都存在这个问题。刚才武老师讲到，从初中开始，女生比例就超过男生，高中、大学，乃至走向社会。那么，我们高等教育或者全社会要怎么应对这个问题，请教教育学家武老师。

武毅英:　　这个问题真的很有意思，没想到何老师能够想到那么深刻的地方去，我们平常都没去这么想。仔细想来，也确实如此。比方说，高考中，为什么现在女生越来越多，而且总成绩都超过男生？包括我们福建省在内，最近十年来的 29 个状元中，女生占了 20 个。为什么会有这样的现象？究其原因，我从两个方面来说。第一，就像我刚才说过的，从初中开始，男女生人数就产生了分野，有男生辍学去打工，所以，在初中阶段，女生占的比重会比较大，而这个基数一直延伸到了我们高等教育阶段，所以女生的比例会偏大一些。但在某些特定学科或专业领域（如物理、数学、计算机、信息科学）男生人数仍明显超过女生，而另一些学科专业领域（艺术、教育、语言、人文）女生人数则明显超过男生，这种学科和专业上的性别隔离现象，还不能简单地与性别歧视问题画等号，需要具体问题具体分析。第二，女生高考成绩总体优于男生的原因在于高考本身。有人曾经指出，高考的标准化答题方式更有利于女生；标准化考试无法考出学生的实际能力等。所以，近年来每一年的高考都在尝试各种各样的改革。我们知道，最近的高考方式已改为"三加 X"。那么这个"三"是什么意思呢？就是语数英。那"X"呢？就是理科的综合或文科的综合。请大家想想看，在语数英这三科里面就有两门是文科的，只有数学是理科的，所有考生都必须考这三门，显然高考是偏重文科的。不单全国统考在改革，包括我们现在的上海、江苏和浙江省也都在试行高考改革，但改来改去，那三门始终是不变的，语数英还在那儿。改的是什么？是综合科目。即那个 X 综合考试，就是七门里面，你去挑三门偏理科或偏文科的科目来考，但是不管你是偏文还是偏理，前面那三门基本考试科目里面始终都有两门是偏文的。所以有人认为，中国的高考是一种"女性倾向"的考试。那是不是说只有中国才这样子呢？不是的，美国也是如此。美国的高考有两种，一是 ACT 考试，二是 SAT 考试。一个属于选拔性考试，另一个属于水平考试。选拔性考试是一个偏向男性的考试，因为考试科目涉及分析性阅读、数学与写作，这三门考试科目里面有两门是比较偏理科的、抽象思维的；水平考试科目有五门，其中有三门是偏向文科的，包括英语、阅读与写作，剩下的才是数学与科学推理，所以这个考试被称为是女性倾向的考试。其实，不单单我国高等院校出现女生多于男生的现象，连美国的哈佛大学，包括常青藤联盟大学里面，也都出现了女生多于男生的问题。据说，常青藤联盟大学为了改变这种状况还秘密地想出一些办法来提高男生的比例。我再举个国内的例子，但不指具体哪一个学校。其实很多单位在招收硕士、博士生的时候都有个不成文的，即如果男生跟女生分数一样可先招收男生，好像男生反而成了被保护对象。所以，我一直觉得在高等教育领域内，两性除了生理上的、兴趣上的差异以及左右脑的分工不同外，在智力与能力上的差异是越来越小了，传统的性别歧视现象在高等教育领域内也在日渐式微中。

刚才几位老师说到男性"女性化"问题，我也想谈一谈。在日常生活中，我们经常会听到"女汉子"、"花美男"或"中性人"的称谓，这实际上是社会舆论与媒介对两性生理特征或社会特征的误导，不应该这样说的。我曾经听一位女性说，"唉呀！我干活的时候，从来没想过自己是男的还是女的，我已活成了女汉子"。还有一些艺人以花美男或中性人为美，在我看来，这是一种错误的性别观念或舆论产生的误导。我们强调男女平等不是强调绝对平等，而是一方面，要彰显两性生理上的差异，另一方面要强调两性权利和机会的平等。在生理性别问题上，一定要意识到你是一个女性或是一个男性；在社会性别问题上，则要淡化性别差异，要强调作为人的权利和机会的平等。同样的道理，我们今天强调的教育性别平等，讲的是什么？不是讲如何抚平两性的生理差异，而是要强调两性受教育权利和机会的平等。所谓的教育权利，就是教育的选择权，包括对学校、学科和专业的选择权，而教育机会，则是指男女无论在何情况下受教育的机会都应该要平等。特别需要指出，个体的社会性别差异是后天养成的，是家庭教育、学校教育、社会教育和自我教育的共同影响而逐渐形成的。假如一个人的性别行为、性别习惯出现了偏差，只能说我们的某一教育环节出了问题，或者说个体的生理性别与社会性别意识产生了混淆。此时，多样化的教育干预和引导就显得十分必要。当然，教育的本质是要尽可能去发现和发挥人（男人或女人）的潜能，而不是去代替他人做出何种决定。只要发现个体在性别或行为举止上出现偏差，教育就应该主动去做一些干预或引导的事，但不要过度干涉或剥夺其选择权。这是我的一点看法。谢谢大家！

何丽新：　　谢谢武老师。厦门大学有位老教授，97岁高龄了，仍然站在讲台上讲课，大家知道吗？你们知道他是谁吗？他是厦门大学教育研究院的潘懋元先生。我上个月出差的时候，在飞机客舱里，发现潘老先生就坐在我前面。我非常惊诧，一个97岁的老教授仍然外出开学术会议。潘老曾经说过一个观点，他说，女性高等教育是社会文明现代化的晴雨表，也就是女性高等教育的发展速度与结构变化灵敏地反映了一个社会文化现代化和现代化的程度。大家刚才都说，女性接受高等教育的人数已超过男性，那是不是意味着中国已经进入文化现代化或者说现代化的程度已经很高了呢？我请我们的性别专家叶老师来谈谈这个问题。

叶文振：　　好的，谢谢主持人又给我机会。我先说两个小故事。大家都知道居里夫人，是吧？她是在1903年、1911年分别获得物理学、化学的诺贝尔奖。但是，就是因为一些老院士的男权干扰、阻止，居里夫人一生都没办法成为法兰西科学院的院士。当然，法国政府待她不错，在1911年的时候，特别在伦敦设立了一个实验室，由居里夫人亲自管理这个实验室。然后，从这个实验室又走出4位诺贝尔奖获得者，并成为世界四大放射性研究室之一。我还想告诉大家，从这个实验室中走出来的这4位诺贝尔奖获得者当中，就有居里夫人的大女儿、大女婿。从这两个例子可以看出，女性不仅是非常优秀的科学家，她还是非常出色的科研管理者和称职的母亲。这是第一个故事。第二个故事，大家都知道，每一个中国本土科学家，谁都想能够成为第一个获得诺贝尔奖获的人，是谁率先突破了呢？屠呦呦！而且我还想让大家知道，一直到现在为止，获得诺贝尔奖大概是一千人左右，其中女性只有 46 个，屠呦呦是 46 分之一。我请求大家用热烈掌声为这两位伟大的女性科学家鼓掌。

我觉得遗憾，时到今日，仍然有人为高考生中女状元特别多而感到惊讶，对女生在学校的学习能力还有所质疑。真的，应该把这一切留给历史了。社会在进步，我相信，随着时间推移，今后会有更多女状元出现，而且会产生更多女学霸，我们要用掌声期待这一天的到来。我再补充一下，因为没正面回答主持人的问题。主持人刚才说得非常对，我觉得这是一个进步的表现，也是社会不断现代化的一个标志。如果一个社会现代化的结果，更多的是男生成为学霸，成为科学家，成为诺奖获得者，那就不是真正意义上的现代化，因为现代化当中，一定包含着"男女性别平等"这样的先进意识！全社会应该一起来关爱女性，因为在生理上，她有每个月定期的波动，她们还要承担生育的任务。而且即使在这样的条件下，她们还这么优秀，所以，我觉得性别平等应该成为全社会的公共意识，社会要更多地去关照爱护我们女生成长和成才。我相信，这种先进意识一定会给我们社会，也给每一个家庭，特别给我们未来的孩子，带来更多的福音和红利。谢谢大家。

何丽新：　　谢谢叶老师。在第二个议题"性别与人才培养"环节，观众提了好多问题，有的问题相当尖锐，等一下，我请嘉宾为大家做解答。我相信我们的两位男神老师、两位女神老师完全 hold 住。

现在，我们进入第三个议题环节，就是关于教育公平与两性发展的问题。我登录互联网查阅了 2016 年中国性别薪酬的报告，根据 2016 年薪酬差距，中国女性平均月工资是男性的 77%。我这里还有这个调研数据，是有一定可解释性的，也就是说，它考虑到行业地区、工作经验、学历，只有 23% 是没有解释性。那么，对这个问题，我想请教咱们管理学教授彭老师，您是怎么看的？管理学院，是商学院，是我们厦门大学所有学院中最富有的，老师们的工资收入也比较高，商学院的女生比例也高，而且女生学习很不错。为什么女生在工作岗位上，我是指在同等条件下的工资只有男生的 77% 左右呢？请彭教授为大家解答这个问题。

彭丽芳：　　好，我来回答主持人提的这个问题。确实，我们管理学院的女学霸很多。我在管理科学系，我在管理科学系任系主任，曾经有一年，我们的一个班里 45 个本科生，前 10 名全部是女生；第 11 名开始才出现了男生。管理学院的管理科学系有一点点偏向工科了，它不纯粹是文科的，我们的本科招生本来是从理工科的学生中招录来的，但是，学着学着，女学霸多起来了，这确实是一个有趣现象。何老师刚才说，即使有这么多女学霸，就业的时候会不会出现男女薪资有所不同？那么，我做了一个简单调查，咨询了我们学院的就业指导办公室王主任，我也了解了我们周边的很多同学，特别是今年研三、大四的同学这学期正在找工作。我向许多同学问这个问题，"在你们就业过程中，跟招聘单位谈薪酬会不会出现男女差异？"几乎所有同学都告诉我，"招聘单位来跟我说的时候，口头上或者面子上从来不说女生薪资比男生低，但是，等到我们上班以后，有男同学会悄悄地告诉我，他的工资就比我高一点"。这是一个问题，我们看到了。我问很多女生，"遇到这个问题，你们会去提意见吗？"她们说"不提，知道单位要我，就不错了"。更多用人单位来招聘的时候，表面上不直接挂出来说要男生，但是，它内心里是要招男生的。所以，大部分女生觉得"我能去上班了就好，就工资稍微低点"，所以，女生都这么默默地接受了，没有人去抗议。刚才何老师说的薪资起薪低，我拿了一组数据来。2017年，刚刚出来的报告数据，全国的本科生起薪平均值，大概男生是4400元，女生是3800元。大概相差600块钱，看起来不是差太多。可是，大家要注意，越往后，就半年以后，薪资距离的剪刀差就会越来越高。那么，我又有一组数据，从2011年开始，本科生刚毕业的时候，比如说，薪资是一年差500元，三年以后，他们的差距就是1000元，再往后呢，越往后，薪资的差距就越大，所以，就造成了刚才何老师提到的77%的这样一个差距，这是个普遍现象。我个人感觉在厦门大学，我们的女老师、女教授的工资好像不比男教授低这么多吧，我们好像差不多。在厦门大学，晋升职称时，例如，晋升教授，评审条件和要求里从不考虑性别的，她是女教授，论文可以少一篇？没有的事！女老师都是跟男老师一起去竞争，同等条件PK，所以，在同一个职称或岗位上，我们拿的工资是一样的。但是，社会上，确实是出现了男女收入差这种趋势。

　　我自己理解，这种差距可能存在于特别是大学毕业的前五年，前十年就会出现，而且这个差距是越来越大，原因是确实在工作的头五年、十年内，有更多女性不仅仅承担了一个她所去就业单位或企业里面的一个角色，而且还有很大部分是因为社会角色。在本科刚刚毕业的五年或者十年内，她要谈恋爱，她要结婚，要有婚假，然后，她们开始怀宝宝，还有怀孕期、有哺乳期。现在二胎政策放开，第一个孩子刚刚两周岁的时候，她们要怀二胎，又要开始二胎的怀孕期、产假等，在这个过程中，男女就会拉开距离。如果一些单位过分强调业绩、投入产出比，公司基于成本计算，会从这个角度让女生薪资慢慢低下来一点。而男生呢，在本科毕业十年，还可能跑得非常快，所以薪资就会提升。我们关注到了，如果社会评价对女性没有特别大的照顾，大家的薪资都一样，那你的付出和你的薪资都完全一样的话，很多企业不再去照顾、顾忌女性承担的社会角色。除了在企业的就业角色外，女性还有妻子的角色，要付出更多，特别是作为母亲，特别是作为两个娃娃的母亲的时候，她付出的更多，企业不再去承担，不考虑这部分社会付出的话，那么确实这个差距会越来越大。而女士呢，如果你要想在职场上和男士一样，我们不会落后，我们跟同龄进入一个企业的男同学起步是一样，我十年后职业发展还一样，那就意味着所有女生在这十年内付出的要比男生多得多。比如说，你怀孕、结婚耽误了若干的时间，你在这个时间之外，你要付出更多，你才能追得上其他的男生。所以，要鼓励我们的女生可能在这方面努力更多一些。好，谢谢。

何丽新：   彭老师作为女性，要求我们女性付出更多。但是，江老师说生活是全方面的，我们不能为了同工同酬而牺牲我们的睡眠和美丽。我刚才特意介绍江老师作为科学家不仅科研做得好，他还有摄影的爱好。那么，我想问一个问题，就是为什么找工作的时候，男性喜欢找双高风险的，就是高风险、高收入的职业；而女性往往都倾向于找"利薄"但是前景可视甚至薪水也可视的职业来工作，我也曾对我女儿这么说，"你，就考一个公务员吧"。江老师，我不知道您的小孩是男孩还是女孩，您是怎么引导您小孩就业的？您怎么看待两性在选择职业上的一些偏好？或者说怎么样才能改变这种现象？

江云宝：　　　　何老师把我说得像是一位文科老师了，实际上，我平时很少思考这些问题。我想先说说网上说起的这个摄影问题。这个跟我的专业有些关系。因为我做光谱研究，自觉对色彩相对敏感一点。当然，我也想向别人介绍厦门大学的美。应该讲，学校有好几个地方特别的美，其中之一就是我们群贤主楼走廊，我拍摄的夕阳照进廊道里面的剪影的照片，相当有些意境。至于说选工作，这也是一个过程，有时实际上也就是分工不太一样。如果我们每个人都努力，上了大学，都能过上好日子，这个社会就好了。是选择高风险还是高收入，或者是做一份安稳的工作，我觉得都可以理解。实际上，我觉得任何一个女生，如果你真的是学好了，你表里都是优秀的，你的人生一定是美好的。所有的男生都喜欢好女生，所有女生也都喜欢好男生。至于他做什么，也许没那么重要。那么，同学们就会问"什么叫好女生？什么叫好男生？"，有能力又向上，自己可以幸福，还能够又愿意支持别人幸福，就是好男生、就是好女生。

　　　　无论我们是男生还是女生，走上社会以后，怎么更好地发挥我的角色作用？这一点，我觉得非常重要，有时女生显得更为重要。不管男生女生将来做什么，都是怎么样把我们能够学到的聪明才智有效地贡献给社会，这才是最重要的。同学们会问，贡献给了家庭，怎么样？家庭不是社会的一部分吗？我不出去工作，我回归家庭，不也是另一种方式的贡献吗？

叶文振：　　　　我插个话啊，江院长介绍的这些观点，大家还是要小心一点。女生念完书以后，到底应该选择什么样的职业发展，甚至选择回归家庭，这方面一定一定要慎重。我的大女儿也是在美国念书，曾经在高中最后一年跟我有一个对话。她说"老爸，你钱要准备够，大学我一定要念，念完以后，我准备回家做一个全职的太太"。我听完以后，非常紧张啊，然后，就跟她说她这个想法要付诸实践，是要有前提条件的。这就是我跟她提到的三点："第一，你要找一个有能力养家的丈夫。这样的人，现在是越来越难找了。不仅中国男人养家的能力下降，全世界范围内也都在下降。第二，你还要找一个养家态度好的人。他不要养了一半就不养，或者他同时养了几个家。第三，他还要对你在家负责家务家教，有个正确的认识。像刚才我们江院长讲，做家务也是对社会的贡献。但是，除了这三个前提外，还应该注意到夫妻之间的比较优势。如果我太太能够当院士，如果我太太能够赚更多钱，我愿意回家做一个家庭主男。

何丽新： 　　叶老师，您能接受回归家庭全职主夫吗？

叶文振： 　　我当然能够接受，我现在就回家做家庭主男。所以，说到教育公平，有三大测量指标，第一，教育的机会和几率。这一块，刚才我的学妹毅英，我们是同一个专业毕业的，学的都是计划统计，她已经说了，确实现在女生的比例在增加，它对我们从公共的教育资源所获得的性别份额也在增加。但是，还有两个指标也非常重要。第二，就是当你去追求一定的教育学历学位时，你所付出的性别代价，实际上，这方面的代价一比较，男生女生的性别差异特别大。今天晚上，我在厦门大学指导毕业的第一个女博士石红梅也在场。当年念博士的时候，她是非常艰难的，因为要做出跟机会成本密切联系的一个重大的人生选择：是念博士还是生孩子？男生会有这样难的抉择吗？没有！不把这个背后付出的女性代价消除，这种的教育公平还是不公平。第三个，更为重要，就是我们对教育进行这样那样的投入，付出极大的时间资本，还存在着社会收益和经济回报的性别差别。刚才有同学就提到了关于就业上的性别歧视，如果迟迟找不到工作，那就是一种没有回报的教育投入。还有社会把女博士污名为第三类人，导致她们在婚姻市场的滞婚。也就是在婚姻市场，她们并没有因为学历提高而拥有更高行情，相反，反而觉得自己嫁不出去了。这两个指标没有得到有效治理，恢复男女平等的均衡，我觉得在我们中国谈教育公平还为时过早，真的，我们还要很长一段时间才能实现真正的教育公平。但是，有一点，请大家一定请记住，刚才有一个女同学问道，根据我的观察，在大学谈恋爱基本上是陪吃陪玩，我想请教一下如何去平衡学业压力与恋爱生活之间的关系？我想告诉在座女同学，对这种陪吃陪玩的，你一定坚决说"不"！要拒绝这样的恋爱关系。大学的男生之所以能够成才，是因为追了几个女同学都被拒绝了。在座的所有男同学要尊重女同学的情感选择，你能够给她的，不仅仅是情感的满足，更多的是要让她感受到你未来有希望，你是一个她满意的，在未来能够一起谋求事业各方面发展，能够成为生命全过程伴侣的这样一个希望。我当年就有过这样的经历，我毕业留校以后追求一个学妹，她也知道这意思。后来，她找我面谈，问了三个问题，我都没答好。第一个问题："想念研究生吗？"我说，没有这个打算；第二个问题："你想出国吗？"我说，对不起，我讲普通话还有福州腔，英语讲不过来；第三个问题是"那你对未来有什么打算呢？"我说，暂时还没打算。所以，这件事彻底玩完了。但是，正是因为这个烦恼和失败给我带来一个巨大的动力。最后，我去美国念了研究生，拿到了博士学位，完成了博士后研究。当我们同学聚会又回到厦门大学的时候，我看着她，她看着我，实际上，大家对过去的那一段岁月还是感到比较遗憾的，当然也是一个非常美好的回忆。所以，我要对在座的男同学、女同学说，校园的爱情是美好的，但是，一定要慎重，认真健康地去选择。一个好的校园爱情一定会同时成就男女生。这是我的建议，谢谢大家。

何丽新：　非常感谢两位男士都充分肯定女性就人口再生产上作出的独一无二的贡献。其实，没有女性，人类就无法传承。应该说，在这方面，我们功不可没。下面，我们要进行最后一个问题。现在，人类进入了人工智能时代。所有家庭乃至人性本身的某些功能，现在都已经换移给社会、社会服务、市场来解决。我们可以不做家务，而由社会来承担，唯一不能转移的就是生孩子。因为在我们国家，法律是不允许代孕母亲替人生孩子的。我有一个疑问要请教性别专家。就是人工智能时代，两性的差别日趋模糊甚至淡化，在这种情况下，我们的教育，特别是我们今天题目所谈到的未来的教育，未来的高等教育应当如何应对人工智能时代带来两性模糊化的这种趋势？我们请性别专家叶老师为我们解答。

叶文振：　好的。对这个问题，应该说，大家还没有形成一定共识。实际上，即使在西方国家，这类题材的电影已经拍了很多，对这种人工智能化不断往前推进，似乎要全面地取代人类或者再造人类，已经有非常非常多质疑了。前几天，在福州，福建省社科联还专门开了一个这方面的会议。我们这边有一位专家周教授去参加了，他好像是专门做这方面研究的，我忘记他的名字了。他说，人工智能发展一定要有一个疆界。那疆界到底设立在哪里？这需要我们现代教育学进一步研究，用这种研究得出的正确结果来引导我们所有的人，不管是学生还是老师，总之，教育学科和教育学者要对这方面给予关注。我认为，人跟机器，它是有本质上差别的。我们每一个人都不愿意被再造成一个机器人，也不愿意是一个机器人来跟你打电话、谈恋爱。你愿意吗？年老的时候，再造一个机器人陪在你身边。实际上，人类最重要的需求是情感交流，人有一个情感互动的需求，有情感得到满足的要求。如果这个被抽空了，我们也是机器人了。所以，从这个角度来讲，我认为，对这一方面所谓的一个时代的到来，今后要全面的替代，我人类需要重新思考，我们教育学要把这个话题拿来做一个研究，因为这涉及我们教育的未来、人类的未来。我们科学家要跟人文学者进行更多关于互联网时代的教育讨论，看看在这一块，我们应该有什么样概念的界定，一个什么样的疆界设立，有些东西是不能走极端化的。当然我还以为，有一些人工智能可以用到我们的教育过程当中。比如说，我们都有一些比较好的学习方法，能不能通过人工智能进行更大范围的推广和共享？又比如说，我们有一些科研，或者一些学科方面的发展，需要到一些比较危险的地方，可能会危及科研人员的安全，特别是对我们女同学，一些放射性或者在有放射物质的地区或场合，还会造成对女性身体健康或者生育能力致命影响等等，都可以考虑用人工智能来进行替代。那么，至于家务事方面，我不认为这是一个好方式。我还希望，做家务事能够变成一个非常好的男女情感互动的过程。而且现在家务事是越来越少了。刚才江院长说到那一点，我还知道一个研究的结果，哥伦比亚大学曾做过一个研究，发现父亲在家里有没有做家务的意识，做了多少家务，是跟他的女儿求学时选择什么样的专业、今后有多大的成就程度，实际上是密切相关的。如果她的父亲在家什么家务事都不做，那么他的孩子就会崇尚一些陈旧、落后的性别观念，就更有可能选择护士等等一些传统的女性从事的职业。我跟江院长都是男人，我是两个女儿的爹，所以，我做家务事要比江院长做得多，而且出于对女儿婚姻幸福的考虑，我更希望通过这样一个父亲形象的设立，让女儿今后找对象时有一个基本的起点，不要随便找。所以，我们的个别同学、同事或朋友，如果在情感表现方面让你感到失望，我觉得，在某种程度上，你就可以从她的家庭、从她的父母亲，特别父亲的表现中，找出原因和答案。我希望，在我们的校园里，不仅有一个健康的情感氛围，而且还希望大家在这方面能够更加慎重地选择。

何丽新：　　谢谢叶老师的分享。我们已收到很多同学提的形形色色的问题。由于时间关系，没有办法对所有同学的提问一一作答。我们请各位嘉宾针对最典型的问题来作个回应，也可以把若干相关问题结合在一起谈。然后，我们各位嘉宾就今天的论题，关于教育、性别、公平、未来，做个最后的总结，分享给我们在座的各位同学老师们。我们先请江老师。

江云宝：　　一般认为，文科学生知道的人文知识可能会比理科学生多，不管男生女生。理科的女生，也有自身的长处，条理性、逻辑性也许更好一点，更清晰一点。当然，作为一名理科的女生也要学习人文的一些东西。刚才我跟各位同学们说起的，在化学化工学院做了一些尝试提升女生综合素养的努力。不能说女同学会了针织，或者会了什么就像女生，会了这些女儿红，或许更添魅力。另外，随着国家的社会经济的不断发展，男女生的教育都可以走向机会均等。但是，不管什么时候，性别问题都会存在。应该要加强性别意识，男生就是男生，女生就是女生。不能说，因为我是学理科的，这个女生就像男生，那学文科的男生就像女生，那不行的。像刚才彭老师所说，评职称的科学标准，是不能够有男女之分的；但在生活的诸多方面，可以有性别区分的。至于教育公平问题，刚才几位老师，特别是文科的专家，讲得很好，我对这方面没有太多的认识。我的理解是，过去有部分女生没有受到好的教育，这个跟教育体制本身的公平性没有直接关系，可能因为客观条件和部分的认识水平之限。未来的教育，不管是男生女生，可能都会走向大同。学习是一个过程，做学术研究是一个过程，做工作是一个过程，这个过程的目的是既能够让自己有足够的条件过上一个好的生活，也为社会服务，为大家服务。实际上，现在男生女生的区分度已经没有过去那么强烈了。我接触的女生很多读书、研究乃至后续的工作、家庭都很优秀，其中可能的一个原因就是她们与同样优秀的男生们一道学习、成长、公平竞争。今天晚上这个活动很好，不过，很遗憾的是我做这个理科学院院长时间还不长，以后我做研究生院的常务副院长，我会跟女研究生同学们讲，"别听社会上说什么博士女生是第三性"的言论，女生不仅都会学得好，也都会工作得好，生活得好，嫁得好，对社会贡献大。

何丽新：　　谢谢江老师，一直在鼓励女生。下面，我们请彭老师发表高见。

彭丽芳：　　好。这一晚上的讨论对我帮助很大，因为平时不怎么专业去研究这个；听了两位男神、两位女教授的观点，对我帮助也非常大。我这么认为，之所以性别和男生女生一开始就是生理来分区别的，大家常常一出来就是男生女生，这是生理的区别，这个是不能去否定的。我也赞同刚才江院长的观点，女生就是女生，男生就是男生。所以，不管未来发展多远、多好，变化有多大，那么性别意识是要有的。比如说，我们所有的女教授，刚才男生们在夸我们女教授，在座的很多女生都非常漂亮，大家在追求自己柔美的那一面。在工作过程中也会发现出柔美方面的工作能力。男生就有男生的特质，那么男生的刚性、男生的坚毅精神也是要有的，这是从生理状态上。今天讨论了这么多理工男、文科女，就业形势的发展，到成年以后，大家慢慢地一点点会感觉女生男生的差异大了，比如说，我们做事情的理性上、工作的理性上，选择专业理性不理性。大家都知道，理性这个概念是我们所有研究对象的主体内在联系，它本质的一些分析一些研究，包括它概念的、判断的推理的、所有的这些方面的研究，而这些方面是因教育层次不同而有所不同，教育层次越高，不管是男性女性，从自身纵向来比，你的理性成分就越高。我希望真正满足我们今天大会的主题，教育性别教育公平，这些都同步发展，我们的社会才会发展得更好。谢谢。

何丽新：　　　　谢谢彭老师，有请叶老师。

叶文振：　　　　到我啦，好。刚才有四个提问卡，有一些问题，实际上，我已经回答了。作为女性成才以后，接受比较好的、完备的大学教育以后，是不是回家当一个家庭主妇？若回家做全职太太，若这成为一种社会风气，是资源的一种闲置？我认为，绝对是一种闲置，甚至是浪费。现在的女性，千万应该打消这个念头。关于职场上的性别歧视，我觉得一定要好好正视它。学校的就业指导要认真明确地告诉我们的学生，特别是女同学，职场上哪一些具体表现是违反法律的性别歧视，还要告诉她们，假如遇到性别歧视，应该到哪里去投诉或寻求帮助？我提一个建议，可以到各级妇联的权益部去反映，把你们的不平等遭遇告诉她们，我相信，妇联组织会出来干预的，为大家去制止这方面的性别歧视，让大家的能力与岗位能够匹配，选择好你的工作。

最后一个，关于到国外留学，卡片里说到的，最近频发一些在国外留学的女学生事故。我觉得，现在出国留学人数越来越多了，岁数也越来越小了，当然更有可能出现一些意外，我觉得需要加强防范意识，但不要惊慌失措。大家从这些事件中吸取教训，出国的时候，千万千万不要轻易地进入不安全的街区和涉入不可靠的关系。中国留学生的一些协会或其他组织可以在这方面开展一些信息和经验交流工作，提供更加有针对性的帮助。

最后，我想说，我对未来教育公平充满着信心。有三点在这里跟大家分享，第一，要提高我们对中国女性接受更多教育的重要性的认识。真的，教育好一个女性，成功一个家庭，成就我们的下一代，也加快整个社会的发展，这是第一点。第二个，要从生物学、生理学角度去增强对一个女孩子最后能够成才的信心。如果女孩子也像男孩那样，她没有周期的生理表现，她不需要有生育这方面的负担，她也不会受到我们一些男生对女同学情感的干扰，我相信女同学都能成为一个优秀的人才，真的是没有任何问题的。第三，我们要从人生历程或者叫生命历程的角度来看待女生接受教育。我们对她们接受教育的关爱，要从小孩做起，步步跟踪。这一块，需要我们采取一些措施，让她减少各种不必要的性别代价，让她能够获得跟男同学一样的通过教育投资得到的回报。最后，用一句话来结束我今天晚上的发言。这句话不是我想出来的，是世界经济论坛创始人兼执行董事施瓦布先生说的。他说，现在我们正在进入一个人才称王的时代，一个国家的创造力，一个国家的活力，就在于这个国家拥有多少的人才和他们的创新能力。这个时代的赢家是谁呢？必将是那些懂得接纳女性，而且能够助力于她们挖掘所有潜力的这样的领导者。所以，我希望我们在座的每一位都能成为这样的领导者，成为这样有性别友好、公平意识的当代公民。谢谢大家。

武毅英：　　　又轮到我说了。刚才下面同学的提问非常踊跃，我收到十余张问题卡，可能没办法全部都回答，只能大致归类一下并择其要点或同类问题来回答。第一个问题，二胎政策放开以后，就业难问题会不会更严峻？确实是这样的。那么，如何去解决呢？我们国内现在也有很多专家在讨论，但是我们不妨去借鉴一下其他先进国家的经验。有些先进国家的女性在找工作时，一般用人单位不会专门考虑到你的生育问题，或者说你是女性会遇到生育问题，然后就不聘你，通常不会考虑这个。为什么呢，主要是这些国家有政策或法律法规的保障。职业女性但凡遇到生育期，一般都会获得政府而不是用人单位的生活补助与津贴，包括给孩子的生活补贴也一直补到 16 岁。因政策有保障，使得女性在生育期不会给企业增加更多的成本，所以企业一般也不会在聘用男女生的问题上有明显的性别歧视。当然这个是指现代社会，而早期的市场经济，是逐利经济，它肯定要考虑到成本的问题，只有当社会制度日益健全之后，这个问题才慢慢得以解决。我觉得我们国家也应该朝着这方面去努力，就业中的性别歧视不全是教育的问题，更多的还是制度和法律层面的问题，如果制度与法律健全之后，我想这个问题应该也不会很大。如果说，国家该承担的责任你全部推给企业，那企业肯定不想招聘女性的。我也曾经问了一些招聘单位，他们说有些女性确实很优秀，但是我不敢用她，我不是性别歧视。他说，我这个单位不是福利单位，既然不是福利单位，我肯定要考虑到成本与收益的问题，在这种情况下，女性自然成为招聘的受害者。如果女生原先只生一胎的话就要用去两三年时间（因照顾小孩，她不可能全心全意地把精力放在工作上），那如果放开生两胎的话，不能在职的时间就更长了。所以，我的意思是，国家也应该考虑在制度和法律层面把这个问题健全起来，这是我对第一个问题的看法。第二个问题，当今社会女性的地位好像都超过男性了，男性有种被压迫的感觉。我认为，这是一种个别现象而非普遍现象。我们强调的性别平等是什么呢？我们强调的性别平等不是绝对的生理上的平等，也不是一种性别压制另一种性别。我们强调的性别平等，是两性在权利、机会、责任、人格和尊严上的平等，是理想和价值方面的平等。所以这个千万别弄错，如果你是女性却要活得像个女汉子或有意超过男性，或者作为男性却要活得像"花美男"或"伪娘子"，我觉得这都是性别观念上走入了歧途，这个是我对这个问题的回答。还有一个同学提到了波伏娃有一个非常著名的观点，她说"女人不是生来就是女人的，而是社会使得她变成女人的"。这句话没错，就像我们刚才说的，人的性别它有先天的差异和有后天的差异。那么女人之所以成为女人，或男人之所以成为男人，从后天的角度看，性别观念与性别意识都是后天教育形成的。我们刚才讲的教育不单单是学校教育，还有其他方面的教育。比如家庭教育其影响也很重要。在一个传统家庭里，长辈们往往让女孩从小就抱着小娃娃过家家，想象一下她长大后会变成什么呢？还有，家长让男孩子要学会冲啊杀啊，手上还要拿着刀或枪是吧？这就是从小教育出来的性别模板，是家庭教育、制度安排和文化习俗长期影响而导致的行为结果。能改变吗？可以的，随着社会的进步和文化的发展，传统的性别观念包括几千年遗传下来的思维结构，还是可以重构和改造的。刚才几位老师都曾提到，男生选择理科与女生选择文科不是绝对的。我也这么认为，你千万别以为你是理科女生，你就可以任其变成中性人或者男性化，我觉得这个生理性别千万别弄错，在此前提下，女生要成为理科女或男生想成为文科男都没关系。你看看我们现在政治局里面的几位常委，清一色都是文科的，都是文科男，对吧？我们再看获诺贝尔奖的屠呦呦，女性中也不乏这么优秀的理科女，所以学科专业的性别差异不是绝对的，我们不要忽略了两性的学科专业差异整体在缩小，整体的差异下也存在部分的相似性。那波伏娃的上述名言又想强调什么？我们知道，她是一个著名的女权主义者，非常强调站在女性的角度看问题。我们现在就是要避免这样的一个认识误区，也就是说，你既不要完全站在女权的角度看问题，也不要再像过去那样完全站在男权的角度看问题，完全站在某一个角度看问题，那这问题永远都找不到两性之间的和谐点。我们现在的教育应强调两性的和谐相处，而不是两性的对立，波伏娃是完全站在女权角度，而传统观念又是完全站在男权的角度，我们现在所追求的两性平等是要和谐相处而不是相互对立。当然，还有好多问题，我没回应。因为时间关系，我不能多讲了。我是不是讲超时了？

何丽新： 请武老师站在平等的角度再说几句。

武毅英： 好的。从平等角度看问题，我想用一句话来结束今天的对话，我记得一位名人曾经说过，"你在家里面培养好一个男孩，那么，你就是培养了一个好公民。如果你在家里面培养好了一个女儿，那么，你就是培养了一个民族。"大家想想就知道孰轻孰重了。教育很重要，但是，女性的教育更为重要。谢谢大家！

何丽新： 各位老师，各位同学，第三期芙蓉湖畔对话"教育·性别·公平·未来"接近尾声了。四位嘉宾都跟大家做了非常精彩的分享。也许，人类两性之间未曾真正的平等过，但是，我们一直在努力，永不停歇地在追求实质公平中！谢谢大家！

　　下面，我们举行一个简短仪式，为我们四位嘉宾非常难能可贵地挤出宝贵时间来参加我们这次论坛，颁发一个纪念牌。有请厦门大学党委副书记、纪委书记赖虹凯老师、厦门大学副校长詹心丽老师为四位嘉宾颁发纪念牌。大家欢迎！

性别

·

生态

·

共享

·

文明

芙蓉湖畔对话

嘉　宾／中科院院士、厦门大学海洋与地球学院教授　**戴民汉**

　　　　厦门大学海洋与地球学院副院长、教授级高级工程师　**王海黎**

　　　　厦门大学环境与生态学院副院长、教授　**史大林**

　　　　厦门大学法学院副院长、教授　**朱晓勤**

主持人／福建省教学名师、厦门大学海洋与地球学院教授　**曹文清**

时　间／2018 年 5 月 15 日 19：00~21：00

地　点／厦门大学翔安校区学生活动中心多功能厅

主持人：　　非常感谢音乐系邓正虎同学给我们带来了这首埙演奏。这古老的乐器非常适合我们今天的主题。首先，埙在音乐史上是最远古的文明，符合了我们今天的主题——文明。其实，它在七千多年前啊，是经常登大雅之堂的乐器，但是在生态、环境慢慢的演变过程当中呢，由于它的音量比较小，随着大音量的乐器慢慢进入中原，它就慢慢被弱化了，大概在唐代的时候，它就很难登大台表演了，慢慢地被弱化，最后被淘汰了。直到 20 世纪 70 年代，我们厦门大学音乐系的赵良山老师，和他的导师慢慢地把这种乐器，挖掘出来，使得它又从远古时代慢慢走向了现代的文明，也从七十年代以来他的不断的宣传，所以，埙这种乐器逐渐得以恢复、重建，人们称赵良山老师是近代中国埙的第一人，他也是我们厦门大学的骄傲。我曾经听过赵良山老师的儿子，也是咱们厦门大学的青年教师赵亮老师的演出。大家还记得"金砖国家领导人会晤"在厦门举行的时候，彭丽媛教授和参加"金砖会晤"的领导人的夫人们来到厦门大学时，赵亮老师就在那场晚会上演奏了这个埙，使得中国的这种埙，在世界慢慢扬名，被这些夫人们带到了世界各地。今晚，我们有幸欣赏到这难能可贵的埙演奏。今晚活动是第四期"芙蓉湖畔对话"，主题是性别·生态·共享·文明。这个暖场音乐为我们拉开了对话的帷幕。大家很早就来了，我们还迟到了一会儿，对不起呀。接下来，我们进入正题。

我为大家简要介绍出席今晚对话的嘉宾，并请嘉宾入场。大家看过今晚对话活动的海报和广告，知道嘉宾都有谁吗？我相信，大家都期待着见到我们厦门大学的男神老师戴民汉教授。戴老师的本科毕业于厦门大学的海洋化学专业；以后去国外留学，在法国拿到博士学位。戴老师在科研方面非常有建树，他放弃国外优厚的待遇，回到厦门大学任教。他不仅是我们厦门大学的骄傲，也是中国海洋的骄傲，是中科院院士——男神。我提议大家鼓掌欢迎厦门大学海洋与地球学院的戴民汉教授登场。（全场响起热烈掌声）非常感谢。戴老师是第一次参加今晚这类活动吧，颜值也非常高。

戴民汉教授来了就说，"我要把厦大的海洋，中国的海洋领向世界"。他做到了！戴老师非常非常忙。今天，他能够来到对话现场，坐在这里，待会儿要跟我们分享他的智慧和知识，满足我们大家的期待。第二位嘉宾呢，是我们海洋与地球学院的副院长、王海黎博士。厦门大学有一艘船——"嘉庚号"，它不仅是我们厦大海洋人多少辈人的梦想，也是我们厦门大学，全体厦大人的梦想。今天，"嘉庚号"已经屹立在世界了。这是多么让厦大人难忘啊！没有王海黎老师，就没有我们的嘉庚号！谢谢王老师。有请第二位男神，王海黎博士，有请。（鼓掌）两位男神登场啦，大家很高兴，期待已久的。第三位嘉宾是厦大法学院副院长，朱晓勤教授，有请朱老师上场。（鼓掌）朱老师是位美女教授，是非常受学生爱戴的老师。大家对您也是期待已久的，请。大家看到一位女神啦，因为我们是要进行关于性别的对话嘛。最后要请出来的，是位男神，他是今晚最年轻的嘉宾。他的本科是在 2000 年毕业于厦门大学生命科学院；后来，他到国外去深造，在学成了之后呢，因为母校厦门大学召唤着他,他回来母校工作了,他就是厦门大学环境与生态学院副院长、厦门大学环境科学研究中心主任史大林教授,有请。(鼓掌)史老师不仅是最年轻的,而且是博学多才,他是厦门大学特聘教授。四位嘉宾都请上台来了。我呢,担任今晚"芙蓉湖畔对话"的主持人,我叫曹文清,从事海洋生物学教学与科研30余年了,曾经担任过厦门大学海洋与环境学院、海洋与地球学院的副院长。(鼓掌)其实,今天晚上对话主题,平常老师和同学们也可能有所讨论,那么,今天晚上,咱们就是把我们平常小范围的对话做大,放在这里,和更多师生一起分享,这里是厦大翔安校区,所以,听众中大多数是翔安校区的老师和同学,但是呢,也有从思明校区慕名而来的师生。我听说,很多学生除了想听女神老师的分享,还特别想亲眼一睹男神老师们长个什么样子,要听一听他们的心声。所以,今天晚上呢,我们是进行一个轻松的、愉快的不同学科交流,不同学科之间的碰撞。

那么,我们今天的主题:性别·生态·文明·共享,我们把它分解成下列三个或四个小议题来讨论。

第一个议题:目前我国遇到了哪些重大环境问题?

第二个议题:环境生态行为是否存在性别差异?

第三个议题:日常生活中存在哪些对环境不友好的习惯和行为?生态文明建设中,我们能做什么?

大家都关注环境与生态的问题。大家都知道,有很多生态和环境的问题已经提到议事日程了。比如说,环境污染啊,气候变化对人类的影响啊。我们今天就是要讨论这些问题、这些影响。还有,不同性别的人,他或她受到的影响是不是有不一样的?从科学角度,自然科学或者社会学的、法律的角度,一起来讨论。大家围绕主题来谈,不必拘谨。听众有问题,不管是事先准备好的还是你在参与对话过程中想到的,请你写在提问卡上，交给我们的工作人员，工作人员会把你要提问的问题呈上来。想请哪一位嘉宾老师回答的，你可以直接写明。如果没有点名的，我们就临时确定一位教授来回答，或者你们还可以共同讨论。这个形式不是特别固定的。今天时间是很紧的，我已啰唆多了。其实，大家是来听嘉宾对话的。

好，下面，咱们先来讨论第一个议题。目前我国遇到了哪些重大环境问题？请戴院士先说。戴院士从事海洋科学方面的研究，关于我们今天的这个主题呢，请戴老师开场吧。大家欢迎。

戴民汉：　　谢谢曹老师，好，我先来说说。（鼓掌）

今天特别关注性别。这是今天对话的第一个主题。所以，我就向大家解释一下我为什么坐到这里来哦。实际上，第一次是詹心丽副校长给我发短信，说"我们有个湖畔对话，主题是围绕性别与生态的……"邀请我参加。然后，我就回发了一条很长的短信，我说，"性别问题实在不是我的专长，海洋科学才是我的专长，我也不是性别问题的专家哈"。这是第一次。詹副校长很坚持，然后，又说"这是一个对我们学生、对我们的老师都有重大影响力的一个论坛，请您支持！"所以，我就坐在这里了。首先，我要做个陈述说明。各位，特别是各位在座女性的粉丝，为什么这样说呢？因为，我家有四个女性，我有两个女儿，我太太，都是女的，我家还有一个阿姨，所以，我基本上是整个儿在女性包围中活动，在日常的生活当中，所以，我才是女性的忠实粉丝。第二个呢，为什么詹副校长会邀请我呢？因为我们两个都有在厦门大学党委工作，詹副校长是我们厦大党委常委里唯一的一名女常委。她特别关注性别，经常在常委会谈到性别和与性别有关的问题。例如，要邀请校友啊，邀请学生啊，她都希望有女性代表，那么，我呢往往都是第一个站出来表示赞成、支持的人。我向各位表白说明一下。（鼓掌）不是说其他常委不支持啊，其他常委也非常支持，而我是非常快地给予支持。我们赖虹凯赖副书记他一定也是非常支持哦。第三个呢，我做海洋，海洋上的"海"字啊，三点水＋一个人＋一个母，我本人对这样的一个母性也好，女性也好，抱有精神敬畏，对，这件事情。我们所有的人，如果没有母亲，就没有我们，没有我们这一些人。我大女儿、小女儿出生时，我都在产房，我亲眼看见我太太怎么把我两个女儿生下来。所以，那一刻让我感到女性真的是最伟大的。我有了孩子以后，我经常跟我的学生说，特别是女学生说，还有什么是不能做的事情，什么是不可能完成的？最后一个呢，这个世界因为女性而美丽，因为有你们女性，更加洁净有序。这是一定的，我家里面也好，工作环境也好，社会环境也好，今天讲到这个生态，环境跟文明，都是因为有了女性而出彩。平时呢，实际上，我们也关注过，我在上大学时组织过一个叫"海洋环境开卷"的会议，这是一个开放的科学大会，每两年组织一个海洋环境开卷；我们在那两次、三次会议上都组织过有关 FEMALE，WOMEN & SCIENCE，OCEAN SCIENCE(女性、妇女和科学、海洋科学) 的一个论坛。那时的论坛跟今晚的沙龙不太一样，我们都请了一些女性科学家，非常杰出的，国内的，有国外的，我们希望给我们的学生，甚至我们的技术人员，我们的老师，提供一个 role model（角色模式）供参考。事实上，成功是不分性别的，这是我所以关注这个事情。最后呢，我就非常幸福地坐到这里，跟大家交流有关性别、环境、生态、文明、共享这样一个话题。关于这个性别的话题，我要说，最后我们经过几年努力，我希望把"性别"这两个字拿掉，好么？因为事实上，自信、自强、成功，都是不分性别，所以，我们不需要过多地讲，再过一段时间，不需要这种安排了。要知道，在亚洲文化下面，女性或者性别还是存在一定问题的，我们看到这个金字塔式的社会中，所谓的成功人士啊，是确实存在这个事实，所以，我们要通过这样的对话，最重要的是给在座的女学生，能够树立一个自信自强的形象，每个人都能成功，确实是成功跟自信自强不分性别，我要强调这句话。最后一点呢，我们讲不管男女，男性同学还是女性同学，我们科学家，我，就像现在，我坐在这个台上，我想我可以做一个小小的 role model（角色示范）。做科学是有趣的，科学家也可以是有趣的，并不需要非常呆板地坐在这里，我们可以非常平等地交流。

最后，回到今晚主题上。曹老师说，回到中国，我们遇到了哪些环境问题？很多问题啦！中国，从大家熟悉的空气质量问题，水环境问题，海洋问题，我现在只强调一点，今天跟大家日常生活都有关的，现在是海洋塑料垃圾问题要引起高度重视。我在好几个国际组织里面任职。现在，我正在计划发起一个，嗯，一个项目，是关于塑料垃圾圈葬的这样的一个 work（工作），因为你们看到了，从河道里面流的到我们现在吃的这些食物，都有一定的危机在里面，其他的，我都可以不讲哦。第二个，解决环境问题，解决生态问题需要科学，需要基于科学的管理。如果各位有兴趣的话，我们等下可以进一步展开。我的开场发言就到这儿，好，谢谢。（鼓掌）

主持人：　　　谢谢戴老师。关于这个环境问题，戴院士本来跟我讲，"哎呀，我们不要这样子谈重大问题，太死板了啊"。我说，这个议题是经过组委会讨论确定的，还是要讲一讲，可以稍稍讲开一点。第一，坐在这里的嘉宾，几个人都是跟海洋和环境相关的，除了法学院的朱老师，好像有点儿我们海洋专场了哈。当然，不是这个意思啊。关于这个题呢，我想再问一下靠近的嘉宾，史大林老师，刚才就想说，海洋嘛，我们这边都是近海的比较多啊，就是海洋现在对全球气候变化这个问题，海洋对全球气候变化的调节作用以及受气候变化的影响，为我们简单做些介绍，好吗？

史大林：　　嗯，好的。我大概看了一下，听众中不少是我们地学部的学生。这个问题，我尽量讲得简单吧。大家都知道，海洋可以说是全球气候的一个调节器，这个在其中是很重要的，它的作用在于它吸收了大量人类排放的二氧化碳。地学部的同学都知道，工业革命以来，至少三分之一左右的碳进入了海洋。那么，海洋吸收碳，主要有三个途径，一个叫作溶解度的泵，二氧化碳会溶解到水里面，它自然会去吸收这个碳；第二个方法就是碳酸钙的泵，碳酸钙的沉淀，最后一个输出；最后一个，就是生物泵，我们认为可能是最重要的一个作用，简单说就是浮游植物在海洋里面通过光合作用把二氧化碳转化为有机碳，然后有机碳就埋藏到海里面去，经过这样的过程的话，碳就从大气里面被放到海里面去了。有科学家做模型的，科学家做过计算，如果把海洋里面这个生物泵给关掉的话，那么，我们目前吸入的二氧化碳会比现在的高出百分之五十，现在，我们 400 个 PPN，没有这个生物泵的话，大概会有 600 个 PPN，所以，不用多说，海洋在全球气候中起着非常大的作用。对，我想强调一点，海洋里面的碳决定我们大气中的碳，而不是反过来，这就是海洋在这个气候中的一个作用。戴老师有没有要补充么？

主持人：　　哈哈，马上就有听众提问题了，这是工作人员刚刚递上来的提问卡，有人想了解多一些信息的。史大林老师刚才说，来自地学部的听众比较多，可能是你看到熟人比较多，其实，别的学院、别的专业来的人也很多。据我所知，生命科学院、医学院，还有从本部来的文科类的学生不少，他们也想了解这方面的知识。对于地学部的听众来说，讲的是科普，后面那个议题更有意思。前面有人提出来说，生态系统、海洋生态系统与陆地生态系统都在受人类活动干扰，还有，气候变化过程当中，它们有什么差异吗？或者说在气候变化中，这三个系统之间有什么联系没有？能够简单地给大家讲一下，科普一下也好。请王海黎老师讲，好吗？

王海黎：　　　嗯，好吧。我是搞海洋出身的，可能不太熟悉陆地。就从我理解的来说吧，可能是理解到哪儿就说到哪里。我个人体会，里面有可能是有错误的，人类活动的两大体系之间是紧密地联系在一起的，可能大家的直觉就是陆地的生态系统会受到人类活动更多、更直接的影响。比如说，森林的退化呀，物种的灭绝，大家都会从陆地上的生态系统很直观地观察到，包括大气的污染、水体的污染，包括土壤的污染、地下水的污染等等重大的环境问题，往往都是人类在陆地这个体系里面，很直接地可以观察得到。那么，海洋呢，相对来说，毕竟人类在海洋里面活动还不是非常方便，如果从海洋的整个生态系统来讲，绝大部分开放的海洋还是健康的，我只是说，从水质的角度来讲，但是，所有的环境，它是全球性的。比如说，人类的活动，刚才大林说了，戴院士讲了，我们人类活动排放的大量的二氧化碳，其实，温室气体不只有二氧化碳、甲烷等等，实质都上升跑到大气中去了，然后，在大气中间相互作用。海洋这个生态系统早晚也会受到人类的活动的影响，实际上，人类的很多活动是从陆地上发起的，但是，它的影响远远 profound，非常非常的深远。所以呢，地球是我们的家园，无论是海洋还是陆地，实际上，都是我们生存的环境，我在这边我再扯一句，也不算题外话，就是大家经常听到一个词儿、听到一些话题叫什么"要拯救地球"，拯救地球，你想想看所有的环境危机，实际上，环境本身就在那里，自然环境，没有人的那种自然环境就在那里，地球不需要人去拯救，我们说的拯救，实际上因为它已经是人这个生存的环境，也是这个物种和环境在一起。另外，生态、环境危机是一个表象东西，生态危机才是内里的东西，最核心的问题是人类生存危机在里内。这是我的理解。谢谢。

主持人：　　是啊。谢谢王老师。本来就是这样，随着科学的发展，人们的研究也是，以前呢，一直认为说人类活动才带来赤潮、全球的这些变化啊，大气层、什么臭氧层的这些变化呀，可是，现在好像不这么提了，就说地球本身也会有这些，它在自净过程当中也是有的，人类活动可能会促使它变得快一些了。比如说，赤潮更频繁地发生，或者说，这个臭氧层的改变可能是加速或者周期变短等等。所以，确实有很多未知呢，需要我们去探索。刚才王老师提到了，污染的问题，海洋的污染，陆地的污染。朱老师对环境法、海洋法都有深入研究的，她的专长应该是跟海相关的，所以，对土壤、土壤污染、生态方面呢，相信她有独到见解，而且是跟我们理科人观察角度不同噢。朱老师，请您从另外一个角度谈谈您的看法。

朱晓勤：　　好，谢谢主持人。（鼓掌）各位老师、各位同学，大家晚上好！今天，我非常荣幸作为一个法学领域的研究人员，有机会跟我们学校海洋科学的几位顶级专家来同台对话，我是抱着学习态度来的，我特别荣幸的是我就坐在顶尖的海洋科学专家的旁边，希望我自己今天能够学到更多海洋科学或者是环境科学的知识。哦，那么，关于曹教授刚才提到的土壤污染问题，我个人认为，这也是跟我们每一个人的日常生活息息相关的，因为我们现在，我们国内各种环境污染，包括大气污染、水污染啊，它的各种污染物质最终都会沉积到土壤当中。实际上，国内土壤污染的面积应该说是不小的，从这些受污染的土壤中生产出来的，比如说稻米、稻谷，这是我们南方人的主粮，生产出来的含镉的大米，就是毒大米，流入市场，老百姓听到这样的消息之后，肯定都会非常担心的。对于这样的问题，作为我们法学工作者，是要高度重视的。所以，我高兴听到说，我们国家的土壤污染防治法，全国人大常委会，这是我们国家的最高立法机关，现在正在制定这部法律，目前，这部法律的草案已经基本成型。我们希望看到这部专门的土壤污染防治法在最近一两年能够出台，能够生效。这部法律对于有效地改善目前的环境状况肯定会有作用。谢谢。

主持人：　　谢谢朱老师。第一个议题进行得有点沉闷噢。后面的议题比较具体，很有意思，嗯，大家会感兴趣的。

　　第二个议题就是环境生态行为是否存在着性别的差异？这个有意思了，我们这些做科学的人好像一谈到性别，都觉得不懂了。那么，先请王海黎老师来谈这个问题，好不好？（鼓掌）

王海黎：　　曹老师把这么重大的问题交给我来说，这个任务蛮艰巨的。我就着刚才戴民汉院士刚才讲的那个话题，来讲讲我对性别差异的直观体会。从概念谈起吧。确实性别差异是客观存在的，我觉得戴老师可能他没怎么讲习惯？因为他在家里头是"珍稀物种"。在我们家，我有两个儿子，所以，我们家是男生宿舍，我们家的女性是"珍稀物种"了，绝对是，每天都是。就是说，每个人从你的家庭里面，可以直观地感受得到性别差异，每天，你的每一件事，大事小事，性别差异都是确实的，是客观存在啊。我就讲我的体会，一般人从幼儿园的时候，会懵懵懂懂地知道是有性别差异的，然后呢，现在当然接触的信息就很多了。我大概是 1977 年，就是"文革"以后读小学，然后是 1982 年读初中，我记得读到 1984 年，1985 年，肯定那个初三的生理卫生课的时候，就让很多同学觉得又加深了解到性别的差异了。后来，我们搞了海洋以后，我很直观的一个感觉，就是上个世纪 90 年代在厦门大学读书的时候，就出海去了。出海的人就会看到海上的船员好像全部都是男性，我还插一句话，我很自豪的，我相信戴老师也很自豪，我们两人都是洪华生老师的学生，洪老师是中华人民共和国第一个海洋学女博士，非常了不起！我的博士阶段就是跟随一位女科学家做研究。我记得洪老师带我们出海的时候，她跟我讲过，大概是 20 世纪 80 年代，坐船到台湾海峡，闽南的浅滩上的时候，那时候，船长都不希望女生上船、去出海，这就是实实在在的性别差异。我们看到，到现在，还有很多国家，或者说绝大部分国家的海员还是几乎清一色的男性。但是，从另一方面，我们又看到了越来越多的女性科学家、技术人员、研究生、本科生，越来越多的女性走到了海洋第一线，出海的科研人员中，女性越来越多。你看到当男性和女性比较和谐地出现在科考船这样的一个工作环境中的时候，实质上他们的工作氛围和工作效率都是更高的。（全场响起鼓掌）真的是这样。那么，从我每天接触这些东西，这么多年来，我一直跟这些科考船打交道，你们注意到哦，在西方世界的语境里面，船是个拥挤物，船是个女性，你们应该看过，我们很多宣传资料，比如说，嘉庚号，如果我们说它是女性，她就是。为什么每艘船下水或者命名的时候，要找教母啊，要有一个女性来做？因为船就是女性，对吧？那么，船既然是一个女性，为什么不让女性上船去工作呢？否则，这就说不过去。也许过去，大家觉得条件不允许，在海上，比如说，过去就是个木船，很小的船，上厕所啊，洗澡啊，都不方便，淡水的供给也非常非常有限。现在条件变化了，当然，船上的条件好了以后，慢慢地，所谓生活条件限制给性别带来的这种障碍越来越少了，但是，我还是讲这句话，实实在在，的的确确，确实存在着这种性别的差异。比如说，性别差异带来的生理上的差异，还是会给一些工作带来一定困难。我的意思是，不能因为我们讲究男女平等，就所有事情都是一半对一半的，男的一半、女的一半地去工作。海上的工作，有艰巨性。我们看到，海员里面，一些驾驶人员、开船的人、大副、船长、水手中，慢慢地出现了女性。但是，看轮机人员的岗位，是天天在船舱里面的，人非常辛苦，劳动强度非常大啊，未来能够看到女性出现在这个岗位上吗？我相信会有。今年 4 月初，我们曾经接待过法国的一艘科考帆船，6 名船员中，就有 4 名是女性，其中，法国科考帆船的轮机长琪芬吉·威廉，她就是一个女性。我也希望将来能够在中国的科考船上看到更多女船员的出现，能跟女科学家一起工作。性别的差异是存在的，但是，随着社会发展，也会有一个变化，就像刚才曹老师讲的，也会有个演化，人的观念有个演化。那么这个也会发生演化，它会是一个 evolution（进化）过程。我就讲到这里。谢谢。

戴民汉： 　　我要补充一下。海黎刚才对我大概作了个评价。我讲个事实吧，我刚回国的时候，带过一个美国来的女学生，叫朱莉·考尔登。下面听众中可能就有人认识她。我刚指导这位女学生的时候，她是跟了我一年，是在厦门大学，当时工作条件很差，我们一起出海时，我记得印象很深的就是，那个女孩子，对，同时我带着很多位男同学，我们在转卸货物要出海的时候，大家马上把几个箱子装上船去，包括在座的肖伟，肖伟是个男同学，他就会帮忙去抬，男生们想照顾朱莉的时候，朱莉就非常生气，非常生气，她觉得男生们是看不起她，因为美国人，从小受的教育就是性别平等，所以，她都觉得她都能做这些事情。她能做的事，为什么你要去帮她？她就会很不高兴，她就有这样的一种观念。性别当然是存在的，女性有女性的优势，但是，总的就是说，自信自强或者成功的不分性别，性别，这个男、女当然有差别。第二个呢，像类似这样的论坛，最终，因为我们现在的 promote（改善）这个，特别是为了我们的女学生或者女性成员、女老师。我记得，我们过去组织女性的海洋科学间的沙龙，实际上，我的一个技术人员就向我提出来，因为她看到了苏慧杰教授，是人民大学的一个教授，非常强，我觉得她一站在台上，就是一个很好的榜样。所以，海黎刚才讲的这样一个事实，要怎么样去评价，各位老师同学都可以按你们的理解去理解这件事情。谢谢。（鼓掌）

主持人： 　　今天为了组织这场对话，几位策划和组织这场对话活动的同事们和我一起聊了聊。中文系的林丹娅教授跟我说，"曹老师，关于生态女性主义，从你们科学家的角度来谈，你们是怎么理解的？"我一下就懵了。我从来没有听说过生态女性主义，真没听说过，我以为是哪里冒出来的新名词。然后，我们是怎么理解的？后来,我想,哎呀,这个有意思啊。回头,我就上网上看了,了解一点,哦,原来是这样的。我就跟史大林老师讲,要是有人提出来这个问题,你最年轻啊,我就请来回答这个问题。你又是生态学家,从这个角度能够来谈这个问题啊"。史老师说,"唉呀,这个是有点压力的"。今天晚上,朱老师在,她是既懂海洋、环境,又懂生态的,她有另外一个视角。我们稍微把这个话题谈一点,不要就这个主题,谈得那么深,那是人家的学科,我们既然有谈过这个话题,我们谈一点,也给我们在座的,尤其是为我们地学部的这些人科普一下。我们先请朱老师谈,好么?然后,等一会儿,再请史大林老师从科学家的角度来个思想碰撞,看我们能碰撞出什么好东西。有请朱老师。

朱晓勤:　　我认为这个题目,环境生态行为是否存在性别差异?首先,设计得非常有意思。我本身作为一个女性,我认为,在现实生活当中,这种性别将不可避免地会带来的一些差异。比如说,女性,她因为身体结构,她可以作为母亲,来养育下一代;她天生就关注大自然,喜欢大自然,她对弱小动物呢,有时候,她有一种天然想要去保护它,想要去呵护它。就我的了解,在我从事的法学这个领域,从事环境法学的女学者的数量或者说比例应该说是相当高的。在中国法学会环境法学研究会这样一个全国性学术团体中,担任常务理事的女性学者,我粗略计算,不是精确的统计,比例肯定超过百分之五十,这个比例数,在全国性学术团体当中,是相当高的。刚才曹教授提到生态女性主义,就我的了解,它是从西方国家传过来的。20世纪,准确地说是1974年,法国的女性主义者提出这样一个概念,当时提出这个概念的初衷,主要是作为女权运动中的一种新说法,或者说一种新提法,它是针对传统的男性主义、男性中心论而提出一个挑战。我认为,生态女性主义是希望呼吁女性能够引导一场生态革命。所以，客观上，它是促进了各国女性来重视生态、环保这个方面的行动，有相应的行动。比如说，在印度，有女性发起的一个叫作"抱树"运动，因为在当地农村，他们很多人砍伐林木作为燃料来使用，妇女们组织起来，反对随意砍伐树木，希望大家保护地球环境。这个行动当然有积极意义。在非洲的肯尼亚呢，女性组织了大规模的植树运动，把她们所在的沙漠地区变成了绿洲，这一成绩非常明显。在德国，女性们发起成立了绿党，而且，绿党现在已经是在德国比较有影响力的一个政党了。应该说，无论它是哲学的或者说一种主义，还是发起更多的公民行动，它们客观上促进了各国的女性更加重视生态环境。我就先谈这些。（掌声）

主持人： 好的，谢谢朱老师的分享。让我们听听史教授的高见。（鼓掌）

史大林： 说这个问题，坦率地讲，我心里有点忐忑，因为我之前并不了解生态女性主义。我在上网查找资讯时，一句话就把我给吓到了，因为他说这是一个基于女性角度来看问题的理论。所以，我来回答这个问题的话，是不是有点跨界啊？那我还是事先学习了一点点。刚才朱老师讲了很多了，从印度到非洲国家，一些女性，她们参与到环境生态保护中，或者是倡导这样一个绿色的理念、行动当中。作为与我相关的一些本行，其实，在座的尤其是环境科学专业的学生都非常了解，近代以来的环境科学中，有一个里程碑事情，我们都知道，1962年那篇小说叫《寂静的春天》，对吧？《寂静的春天》的作者，就是一名女性。这个作者当时她最早写这本书的一个触动点，如果大家有了解过的话，是她的一位朋友给她写了一封信，她这个朋友也是位女性，告诉她说，我们家周围这个鸟好像死了很多，她觉得可能是一些杀虫剂引起的。所以，这本书里，最后针对的，很主要的一个代表性污染物就是杀虫剂，就是BBT。我们知道，BBT在"二战"的时候起了非常大的作用，它在治疗这种疟疾、伤寒等疾病当中，特别是杀死这些东西是非常非常有效的，尤其在我们亚洲的东南亚，在一些当时的经济、社会还有医疗条件相对欠发达的国家，当时，疟疾是非常严重的。那么，这些国家开始使用BBT以后，这个疟疾，不管是中国case（病例）还是死亡人数，是急剧下降，几乎可以说是完全地把它消除掉了。但是，就是这样一个有效的手段，后来，我们逐渐发现它存在非常大的一个环境问题。这个问题恰恰在后来起到了非常大的推动作用。这本《寂静的春天》就是起到了倡导作用。那么，《寂静的春天》出来以后，最直接的结果就是在美国导致了1970年成立环境保护署，然后，开始非常重视环境保护问题。说到这里，我想讲一个现在正在发生的，在我们身边的一个环境问题。其实，我个人的工作更多地是跟海洋相关的，特别是跟海洋化石、跟化工的全球变化相关的。海洋工作，我之前说过一些，前两天，我和几个同事在微信里聊起来，因为我很困惑，有点小小抑郁神经，就是为了来这里谈这个生态女性问题，我真的不知道，跟他们说这个性别问题、环境问题、生态问题，突然他们提醒了我，我们日常生活当中，都使用到很多很多用品，包括个人的护肤品，我刚才登台前，是我这辈子做人第一次化妆啊，有很多化妆品啊，包括你日常洗漱用品等等，还有就是塑料制品，刚才戴老师说到了，现在海洋的塑料污染，塑料里面，你要买塑料是没有什么的，BPA（高聚合材料）[1]等，对不对？那么，现在它叫什么呢？

1　BPT，是高聚合材料的英文名称，是指乳白色、半透明到不透明、结晶型热塑性聚酯，具有高耐热性、韧性、耐疲劳性，自润滑、低摩擦系数，耐候性、吸水率低，在潮湿环境中仍保持各种物性，耐热水、碱类、酸类、油类等特点。

它叫内分泌干扰素。内分泌干扰素是什么意思呢，就是这些化学物质，它在化学性质和化学结构上，在很多情况下，和人体内的雌激素或者动物体内的雌激素是非常相似的。所以，当生物，包括我们人类，当你接触它们以后呢，你慢慢地在 chronic history（慢性病史），就是说，你长期地处于慢性病包围下，最后，它很可能，毒理学研究表明会使得男性的雌激素上升。可以预见，如果这个问题得不到改善的话，之前我听海英老师有论断，以后这个世界就不需要男人了，因为男人已经不存在了，所以，这是一个很有意思的现象。回到刚才说的生态女性主义，其实，它们的观点主要是两个部分：一是人与人之间的，他们认为，我是现学现卖啊，人和人之间这种传统的男性主导的关系是不对的；人和人之间男女性是平等的；二是人与自然之间也不应该是人去主宰自然、去控制自然，而应该人和自然之间是和谐的关系。但是，我们今天正在做的一样事情呢，是我们正在随着社会的发展，正在向环境里面释放一些东西，在排放一些东西，最后导致的结果是怎么样的呢？恰恰是我刚才所说的，我觉得是一个有意思的东西，我没有一个唯一的清晰的答案，但是，我觉得这很值得每个人去反思的。我就说这些吧。谢谢。（掌声）

主持人： 史大林教师讲得蛮不错的，对我都有启发啊。刚才对这个议题由浅入深，几位嘉宾从不同视角作了不一样的分析。工作人员把同学们提的各种各样的问题转交给我们了。好，现在呢，我们穿插着回答一些问题。戴老师收到了好几张提问卡。戴老师，请您来解答。

戴民汉： 有几个问题吧。首先，有两个比较类似的问题，都是关于《巴黎气候协定》的，[1] 一个大概是说，"大家都知道 Paris Accord（巴黎协定），真的是出于保护环境还是为了限制发展中国家的发展？"另一个问题是"我想知道，如果你同意巴黎协定是为了保护环境而不是为了限制发展中国家发展的，请举手！然后，如果是为了限制发展中国家发展而并不是出于保护环境的，就是赞成巴黎协定的吧？"归结起来，简单说，赞成巴黎协定的，请举手示意一下；反对巴黎协定的，请举手示意一下，没有关系啊，不要紧的。有，有，两种观点都有几个人举手的。这个问题是挺复杂的，我说几点吧。第一个，巴黎协定大概是说，对于地球的生存环境，平均气温升高幅度只能控制在 2℃ 以内，若高于 2℃，地球的生存环境就不适合人类的生存了。2℃ 是一个极限，1.5℃ 呢，是最佳的状态。所以，我们是争取要控制在 1.5℃。控制在 2℃ 是什么概念呢？就是二氧化碳的排放量要控制在五千亿吨，大概是 570 个帕德伦罗本，就是机器是十的，讲点数学了哈，十的，额，十五次方或者说十的九次方吨，这样一个概念，也就是 500 多，就是 5000 亿吨，一个九次方就是十亿吨嘛，乘上 500，是 5700 亿吨的碳。地球工业革命以来，人类二氧化碳的排放是 5700 亿吨，你看控制在 2℃。那么，目前为止，大概排了 2500 万吨，也就是人类大概还有不到 3000 万吨的碳可以排放，然后，巴黎协定实际上就是你去按这个 3000 亿吨的排放量，3000 亿吨的总量，然后，去分配嘛，

1　巴黎气候协定，英文是 Paris Climate Accord，简称巴黎协定（Paris Accord），是联合国 195 个成员国于 2015 年 12 月举行的联合国气候峰会上通过的气候协议，共有 29 条规定，内容包括目标、减缓、适应、损失损害、资金、技术、能力建设、透明度等。它取代了《京都议定书》，期望通过共同努力，遏制全球变暖趋势。在该协议中，签署国一致同意把全球平均气温升幅控制在工业革命之前水平之上的 2 摄氏度内，并努力将气温升幅控制在工业化之前水平之上的 1.5 摄氏度以内。中华人民共和国人民代表大会常务委员会于 2016 年 9 月 3 日批准中国加入《巴黎气候变化协定》，中国成为第 23 个完成批准协定的缔约方。

发达国家多少，发展中国家得多少。发达国家呢，开始尽早地减排，所以，他的二氧化碳的排放量先要降下来，发展中国家，像中国呢，我们承诺是 2030 年到排放高峰值，然后，就是要开始减排了，这大概是巴黎协定的一个主要观点或者努力的目标。那么，为什么中国会不同意？因为二氧化碳，从某种程度上大体来说碳就是个生存权，能源的使用必然跟碳排放权有关，因为化石燃料就是排放二氧化碳，所以，不让你排放碳，你就不能烧煤，不能烧石油，不能烧化石燃料，这就不是件简单的事情。中国为什么有两个初衷呢，一个是国际谈判的压力，我们国家现在已经是碳排放量最大的国家。第二个呢，空气污染，空气污染的直接原因跟能源的使用是紧密地挂钩在一起的。所以，这也是给中国一个动力，花足力气去减排的事情。第三个事情呢，我们要相信科学技术。现在的科学技术，如果我们预测能够做到零排放，是完全能够做到的。现在，我们国家在试行示范一些碳的，碳的排放权、交易权啊，跟他们这些零排放的国家，现在的国家不用化石燃料，在未来的可期的，各位到时都还健在啊，在有生之年是完全可以做到。所以，既要看到这样的一个发展权，同时，也要看到我们新的 technology（技术），是有希望解决零排放这样一个问题的。从气候变化，我今天不太想谈它的增温效应，你们大家都可以看得到的嘛，这个极端事件，现在越来越多的数据说明了，它跟现在的这些全球增温是相关性的，今年北极的温度啊，比北极的有几天的温度啊比平均的北极的温度啊，高出了三十几度，这是非常吓人的。从现在的极端气候看，这些事实上是非常非常地在加剧，也几乎可以证实了它跟全球变暖，也就跟二氧化碳的排放，工业革命以来息息相关。有兴趣的，有机会哦，可以到我办公室去切磋，这是我的专长，我欢迎不同的意见哦。好，谢谢。（鼓掌）

主持人：　　有人问"说气候变化是说不同性别的人，男人和女人对气候变化作出的应对反应，有什么不同啊？"或者说，在环境当中，在生态中，男女两性遇到的问题有什么不同吗？这个问题可能是跟生活有关的，主要不是问科学的问题。

戴民汉：　　请朱老师讲讲吧。

朱晓勤：　　气候变化，不仅仅是影响当代人的生存，更影响后代人的生存空间。刚才说的，女性有一种天性关爱下一代的思想。刚才戴老师解释了巴黎气候协定。女性应该是对全球减排这种国际协定持一种肯定的、支持的态度。我们期望在这方面能够做到更快、更好，能够让我们子孙后代有一个非常好的生存环境。

主持人：　　很多女同学提出来，平常我也说听到讲男女平等，在高校里，女生，就说咱们翔安校区这边，本科生中，女生占48%，接近一半了，余下是男生，基本上5∶5了；到了研究生阶段，有时候甚至女生更多。戴老师讲到博士，可是最后成为顶尖级科学家的，当然有女性，可是，女性是比较少了，在金字塔最上面，女性比较少。同学会问，为什么会这样呢？其实，我平常也遇到过这个问题，我接触过的很多班上，女生都非常棒，Number One（第一名），她们不会比男孩子差的，她们还到国外去攻读研究生。她出去前，跟我告别的时候，我感觉到她将来是要成为世界顶尖科学家的。可是，几年以后，她回来了，来看我，跟着一个孩子，还抱着一个孩子，告诉我，"老师，我肚子里还有一个孩子"。我说，"啊，你怎么变成这样了？"她告诉我说，本来做完博士以后，她的论文可以发表在很好的、有相当影响的刊物上，但是，她弄了一半，就都不做了。我说"你为什么呀?"她说,"我这样子,对社会的贡献更大"。我要让我学生的先生,角色不同,来听听生态女性主义。这位学生说,"原来在国内时,就觉得我不比人家差,我很厉害,我一定要成为怎么怎么样子"。我问她,"难道你是偷懒了?"她说,她不是偷懒,她觉得她不可能不成家。以前在班上,有别的同学说她,我还曾经怀疑她会不会成家呢。结果,超出我意料,她生了几个小孩,而且甘愿为家庭付出。她的丈夫,我也见了,我没有觉得他比他妻子厉害,可是,这位女学生就是为了成就她丈夫,她说,"这个社会,不能倾斜,我甘愿这样做。我觉得我这样做对社会的贡献是大的",她还说一个优秀的女人可以影响好几代人。所以,现在我也搞不懂她了,到底是对的还是错的。我都被她搞蒙了。(全场哄笑、鼓掌)那么,我请教朱老师、戴老师,还有其他两位男神,你们怎么看啊?

王海黎:　　我谈谈我个人的看法,可能不一定对。嗯,我个人不觉得男人和女人在从事科学工作上会有什么性别差异,或者说在能力上。很多时候,是几千年以来男权社会所造成的一种根深蒂固的观念,这个观念甚至影响了女性本身。也就是说,连女性自己都觉得顶上有个天花板是她突破不了的。我记得就是最近,不知道有没有人看过一本书,是一个美国人写的,好像是叫《乡下人的悲歌》,讲的不是这种性别的突破,而是讲社会属性里面阶级属性的突破。他就说,这个人并没有阶级属性,但当你认为你有,那么你就有。透过这句话,我觉得,男性和女性没有这种能力或者潜力上的差异,绝大部分的学科或者工作啊,我不能说所有的,但是如果女性认为有,那么对女性,它就有。这是我的看法。

主持人：   谢谢。

史大林：   嗯，我同意海黎说的这种情况。其次的话，刚才曹老师讲她的学生的事情，我听着，我很自然地想起我的老婆，（全场哄笑）因为她跟我是本科的同学，她在我们班上，在我们整个年级，一直是第一名，用现在年轻人的话说那会儿她是学霸，我是学渣。若干年下来以后呢，她还是学霸，但是，从外人来看的话，或许现在某个程度上，可能知道我的人更多，而不知道她了。我在想原因，哦，不是海黎的原因啊，如果按海黎讲的观点，那么，我老婆，她并没有这种行为。为什么这个社会到现在，在金字塔的顶端，女性会越来越少呢？我觉得，在中国这样一个文化中，更多时候，我的理解或者说我从我太太身上看到的，是女性更有谦让精神，啊，更有一种自己去承担更大责任的精神。（全场鼓掌）因为就我个人来讲，我现在做的很多工作，我其实真的是个不知道，不对，我不是不知道，我是知道的，其实是我的太太给我的帮助更大。我想，不管是在家里还是在工作上，我觉得都从她身上看到了，比如说中国女性更有一种谦让的精神，更有一种伟大的精神，哦，我觉得确实是这样的。

主持人：   今晚太太有没有一起来呀？

史大林：   不在，不在场。（全场大笑）

戴民汉：   对啊，太太听到的话，会开心的。这个就是为什么我今天想来对话的主要动力之一。我希望，特别是我们有很多的女学生在这里。我们刚才讲的金字塔，这是事实。但是，中国现在实际上并不是太差了。从就业率来讲，中国女性好像是

70%，男性是 90%；那在日本，男性也是 90%，女性大概只有
20%~30%；印度是最差的。从就业率来讲，中国妇女的解放很
早，总的来讲，做得还是不错的。你去看到的这个顶尖，那确
确实实的，我们经常开会啊，这种主要场合里，确实女性偏少。
那，这里面有亚洲文化因素，我觉得，亚洲文化跟它的历史大
概是主要原因之一。第二个呢，刚才海黎讲的这个，在这样的
文化当中成长，就成为一种习惯性思维，或者是习惯性的一种
adaptation（适应），也许就成了这样。所以，我们需要努力去
改变这个。我还是讲这句话啊，自信自强，确实不分性别，成
功也不分性别，只是需要一起去把这个事情做起来。你现在看
到的这个，我们熟悉的，我熟悉的海洋研究所，在美国最顶级
的海洋研究所，事实上，在一段时间里面，它们的所长都是女
性担任的。现在，看到越来越多女性当总统啊，对不对？这是
一个很好的迹象。我希望，当某种时刻，男女之间有差异，但是，
最后，自强的以及成功的人，确实能够达到一种平衡、平等的
状态。

议题 3、4 ：日常生活中存在哪些对环境不友好的 习惯和行为？生态文明建设中，我们能做什么？

主持人：　　　　其实，我们今天原来是想激励在座的女同学，还有一些年
轻女教师的。她们中的一部分人觉得很累，在社会上要跟男性
竞争，这要付出更多辛苦，的确是这样。我们这几个女教授走
到今天，也深深感受到这些。优秀的女性很多，前排就坐着几
位，我们的副校长，前任副书记，还有袁东星教授、林丹娅教授、
校工会秦红梅副主席等，光是咱们厦门大学，杰出女性就非常
非常多。但是，作为一名女性，如果光顾着自己的工作，没有

照顾好家庭，或者不成家，就会被别人讲，我们自己也觉得没有承担好这个责任。曾经在漳州校区的时候，我组织开设过一门课程，是为女学生开的这门课程，洪华生老师、袁东星老师，我，还有我的一位朋友，是医学院的教授，我们联合上课。我们开了这门课后，非常火爆，一个大教室不够坐，换了一个更大的，又换了最大的，连着换了三个大教室，因为来了很多学生来上这门课。还有女生跟男生挤着坐一个座位的。有男生来听，旁边的女生还说"你男生怎么也来听这个课呀？"我告诉说女生，你们是可以成功的，激励她们成功；也告诉男生，你应该如何支持女生成功，包括你的朋友，你的什么人。太火爆了！可惜，我们没有再开这门课了。我们想起开这门课，目的是跟今天对话一样的，就是讲性别，也是希望男人在这个社会上很受重视。我们几千年历史过来，现在，怎么说呢，男权主义还是有的，再怎么宣传男女平等，男权主义是根深蒂固的，可能要再经过多少代才能把这个传统消除，是不是能够解决这个问题？我们今天不多谈这个问题了。我们原来就像戴老师讲的，不要把我们那个主题搞得太硬了。我们谈论的过程当中，我们没有硬吧，对不对？我们是穿插着讲的，其实，我也很想听众席上在座的有谁愿意上来对话。你们也可以讲，或者派一两个代表上台来，一起讲讲，也是可以的，赶快想，想好了，提出来，可以讲，上台来讲啊。前面，我们讲了环境问题，生态问题，不同的性别在这个当中受到的影响和起到的作用，我们从自然科学的角度、从人文社科，包括法律角度都稍稍地谈了一些。当然，因为时间关系，谈得非常简略。其实，这样的讨论，这样的话题，可以天天讨论，只要讨论下去，就会更深入。因为组委会给我们的时间不是很长，后面，我就把两个议题合在一起谈了，谈了一些现实问题。后面这两个都是现实的问题，是可以合并在一起的。在日常生活当中,存在哪些对环境不友好的习惯和行为?我们谈到生态,肯定要谈这个问题。那么,在生态文明建设过程当中,我们该做些什么?我们可以把这两个话题合在一起来聊一聊。这个议题,我们还是由朱老师先谈,然后大家一起来配合着,一块来谈,好吧?从不同角度谈。朱老师,您先谈。

朱晓勤:　好,我来抛砖引玉。在日常生活当中,有一些行为确实可以归入我们说的环境不友好行为。比如说,两三个客人进一家餐馆,却点了一大桌子的菜;然后,吃不完,他们也不打包带走,以为如此才显示出他待客的热情。在我们生活中,这种情况是比较常见的。还有,天气热,会议室或商场里的空调温度20℃、21℃或者22℃,调得太低了,人们进去之后,特别是女士们会觉得太冷了,这实际上是非常浪费能源的。第三个例子,现在网络购物非常流行,对吧?特别是"双十一""双十二"的时候,快递件堆积如山。很多年轻人喜欢从网络上点餐,网络供餐他就会使用一次性快餐盒。那么,网络购物的包装盒、包装袋,许多是过度包装,这些都会产生大量垃圾。这些我们平常都可以见到的行为,它们对环境是非常不友好的。怎么办呢?我们都希望有一定的干预办法或者有法律依据去管理,要尽量减少这种浪费。我个人想,是不是能够加强这方面的立法、执法来规范、管理这类行业和消费行为?还有生活垃圾,在我们工作、生活的厦门,生活垃圾非常多,快成一座生活垃圾围城了。该怎么来处置这些垃圾呢?厦门市地方政府正在极力推进垃圾处理。等下有时间,我可以再说说垃圾处理。好,我就先谈这些。

戴民汉:　我就不谈第三个问题了,这个是日常生活了。说说最后一个议题,生态文明建设当中我们能做什么?生态文明,实际上,这个是有点中国创造的，Ecological Civilization（生态文明），国外将这些东西，定位为非常高格局的一种文化。我们做什么？我们是谁？我们是厦门大学的教职员工和学生哈，厦门大学是一所研究型的大学，而且是国内一流大学，正在迈向国际一流大学。所以，在生态文明当中，我们能做到的，我觉得有三个方面。第一个，我们首先要引领科技，因为生态，事实上是现在生态环境可能是全世界面临的最复杂的一个问题。你要看整个地球。第二个呢，要把人的因素加进去，涉及自然科学、社会科学，甚至某种程度上涉及历史的。为了解决生态文明的问题，我们一直说，现在第四次工业革命已经到来了，它的一个表征就是大数据、人工智能这类事实，还有一个是低碳排放，实际上，这些都是第四次工业革命到来的一种特别显著的表征。那么，我们能做的，对于那么复杂的问题，实际上，科学上面，科技上面，科学跟技术远远没有达到我们现在能够解决那么复杂的生态环境，能够达到生态文明。我最近在做一个项目，不知道从前的数字，不得了，就是说，在香港维多利亚港的污水排放问题，2010年花了大概250亿港币建了一个污水处理厂，想要解决维多利亚港的环境问题。许多人去过香港，香港维多利亚港的每一栋楼大概都价值上百亿元，所以，那花个两三百亿港币，实际上不多，但是，问题就是要解决，在两三年之内呢，环境有改善了；过了两三年，又怎么样了？现在，香港想让我们做一个项目，就是需不需要进一步把海水里面的氮去掉？如果这个工程要上，大概要64亿港币到100亿港币，实际上，光是我们的研究就花了7000万港币哈，这个是很值得的。一方面，只有科学地把东西、前因后果搞清楚了，你才可能有相应的技术跟上去，然后，最后执行到管理上面，这是一条非常重要的。我们厦门大学有很强的海洋环境、生态方面的学科，理应在生态文明这个方面起到引领作用。澳门也是，最近习近平总书记在澳门回归十五周年的时候，送给澳门 87 平方公里的海域面积。澳门原来是碰到海，就填海了，澳门就是碰到有水的地方，它就填起来了。现在，有了 87 平方公里的海，就不能像原来那样做了。所以，现在请了很多人去做规划，要解决好环境问题。这里面，有很多的环境问题，衍生到它的海洋科学管理、海洋管制问题，实际上整个海洋面临着很大的陆海统筹。十八大、十九大报告都谈到了陆海统筹问题，实际上，这是非常实实在在的一种情况。另一方面，我们的学生、老师，承担着着科学传播的功能和能力。像生态文明，现在实际上，还有很多不是很正确的观点，这些东西都在影响着整个社会的行为，我们做了很多事情，也需要未来年轻的学生、年轻的老师和我们一起来把正确的科学观建立。这也是锻炼我们学生批判性思维、科学性思维时的最好方式。第三个方面，我们需要自己去有所行动。把这三个方面做起来，这是我们能够在生态文明建设里面所起到的、发挥最好作用的一个途径。（鼓掌）

主持人：　　谢谢戴老师。我们围绕着这个问题，大家都谈了。各位嘉宾手头上还有没有还没回答的问题？

史大林：　　我简单说一下吧，因为戴老师已把我准备说的都说掉了，我非常赞同戴老师说的。在生态文明建设当中，学生能做什么？我想大概两个层面，首先就是刚才戴老师提到的。高校主要有三个功能：一是教育；二是科研；三是社会服务。作为高校的学生能做的，那么刚才戴老师都谈过了，我就不讲了。其次，第二个层面，我们每一个人除了是高校学生以外，我们还是这个社会、这个国家的一分子，是吧，这个地球上的一个人，是可以从自身做起的。刚刚朱老师已经举了一些例子了。我们现在面对一个能源危机，面对全球变化这样一个压力下面，其实，生活的方方面面都是可以去做改进的。现在，我们社会在倡导节能、绿色等等的，那么，我想从身边的很多事情，我们都能做到。其实，这个不应该只跟大学生来讲，但是，我想讲两个例子。第一个例子，是 2011 年的时候，我当时博士快毕业前，我跟我的导师，他是一个法国人，嗯，一起来厦门，那我是来面试找工作的，那他刚好来访问，他来厦门的时候，是他第一次到中国，他当年将近 70 岁了，一个法国人。回去的路上，他跟我说，有一点我们中国人做的事情给他留下了非常深刻的印象，是什么呢？当时是五月份，厦门的天气就像现在这样，已经非常热了，他发现我们中国人有个习惯，我们开会，会议结束以后，出去了，空调就关掉了。在美国的话，去过美国的同学们、老师们都知道，美国的空调是一直开着的。这点区别让他感触非常深。他回来就跟我讲了。第二个例子，还是跟这个相关的，我在美国读书的时候，参加过一个学术会议，在那个会上，那个会是关于绿色的哦，不管是从技术角度还是从人文角度，有一个清华大学来的教授在会上做了一个报告，他的整个报告，因为他是做发动机的，就是你的发动机燃烧怎么样更高效、更节能，那些都是我不懂的。但是，他有几张幻灯片给我留下非常深刻的印象。他的一张幻灯片上面，有两张照片，一张照片是美国的一幢楼，那个楼就是两千零几年盖的，完全是现在最高科技的，从设计理念到使用的材料等等，是高科技、绿色、环保、节能的一幢楼；另外一个楼是清华大学的，具体什么名字，我不知道，是一个很老的楼了。然后，他告诉我们，在这两个楼里工作学习的师生人数是差不多的，美国这个楼是非常先进节能的，清华这个楼里没有任何的这种功能，但是，这两个楼每年消耗的能源恰恰是反过来的，跟你想象的是相反的，美国那个楼花的电费是清华的五倍。为什么呢？就是个人的行为。所以，这是我们每个人都能从身边的小事情做起的。我就讲这两个小事情。（鼓掌）

王海黎：　　对第三个话题，我不太了解，我就讲讲第四个，作些补充。关于生态文明的建设，其实，如果我们看工业文明跟生态卫生提升上面，工业文明可能有很多解决不了的问题。从工业文明角度讲，所有的经济运行模式、政治体制，我们使用的科技、技术，以及基本的价值理念啊，都有不太一样的地方。刚才几位老师都讲了科技、价值或者思想。我自己看来，一个大学，特别一流大学是产生一流思想的地方；这一流思想的载体就是大学里面的一群优秀学生。那么，生态文明，可能不单是对一个国家，对全世界来讲也是一个大难题。在政治层面上，比如说，你在工业文明里面，大家都觉得有环境问题、生态问题、能源问题等等，它们都是独立国家的内部事务。所以，这就是为什么在工业文明的层面上很难解决这些大问题。实质上，所有这些问题是全球性的，要生态文明的话，新新人类要接受一个全球治理的理念，要接受一个世界共赢的理念。在欧美国家，这个是提得很多的，特别是顶尖大学里，他们的年轻学者已经在实践这个东西，在推动这个东西了。这个要靠很长时间的社会运动。我们，至少我自己，我感觉很少看到中国顶尖大学的学生能够积极地参与到世界性的这个社会运动当中去。一定要从政治架构来去做大的改变，从整个地球的角度、从全人类的角度去构建这个生态文明。生态文明可能是中国造的一个概念。但是，我相信，最终全世界会接受或认同这个 concept（概念），也可能是我们要解决的重大问题之一，或者说，这是唯一的出路。（鼓掌）

戴民汉：　　我补充一点哈，我觉得很重要，因为你讲到环境生态问题，大家都想的负面的多。在生态文明里，隐藏着一个什么含义呢？可持续发展，不仅是发展，而且是可持续地发展，不是以牺牲环境为代价的这种发展，这是现代以后的发展的主旋律，应该是这样的。因为发展权，一定是要有的。但是，现在，我不希望回到工业革命刚刚起步的时候，用那种环境的代价来发展，所以，第四次工业革命一定是隐含着这个环境可持续的发展。在联合国里面，现在这个可持续发展的目标，包括海洋陆地生态，有非常详细的指标体系，请大家各位关心一下，这都是非常有用的东西。所以，我讲这话，就是说，你要去正面看待，看待生态文明这件事情，并不是去仅仅为了保护而保护，而是在发展当中保护。在这里面，这个是非常重要的一个理念更新。（鼓掌）

主持人：　　朱老师刚才提到垃圾处理，我们还有没有谈到垃圾分类这个问题。现在，整个厦门市正在推动垃圾分类，我觉得厦大以外的小区，有的做得比我们厦大的还好。

朱晓勤：　　我也一直在关注这个问题呢。去年，我指导我们法学院的一个本科生大创项目。这个学生团队做了很多调查研究，当时曾去广州做调研，专门针对生活垃圾分类；也在厦门大学校园里、在厦门市进行调研，发放问卷等等，学生们做得非常认真，也得出了一份相当有分量的研究报告。学生们在广州那边调研时去过到那个管理部门，也非常肯定学生们的工作。在咱们厦门，《厦门经济特区生活垃圾分类管理办法》在去年9月1号就正式生效了。这是一个厦门市的地方法规。它把生活垃圾区分成四大类：可回收的垃圾、无害物质的垃圾、厨余垃圾、其他垃圾。

做了四种颜色的垃圾箱。对于老百姓来说，就比较好认识的，操作起来也方便。现在，已有部分小区执行垃圾分类了，就是说，现在垃圾是分类放置，分类收集。遗憾的是，我们厦大校园里还没有开展垃圾分类。在有些城市，垃圾分类比厦门市细致得多，在我看来，太过细致了，并不适合老百姓来处理或落到实处。目前，我注意到，厦门市已有一些居民因为乱扔生活垃圾而被罚款的案例发生了，应该说，管理部门已经动了真格了。我们作为高校的师生呢，应该要积极响应、跟进的。希望我们能很快有所行动。

主持人： 这是我们能做的事情。今晚上，我们从几个层面展开了今天的主题对话，无论是性别、生态、共享和文明，都谈到了。当然，时间太短了，希望以后时间还会更多一点。在结束这场对话之前，请戴院士来做个小结吧。有请戴老师。

戴民汉： 这个很困难啊，不是小结。我觉得，第一个，我们三位，我不能代表两位女性啊，我就代表我的两位师弟吧，我们今天感到很幸福，有这个机会跟大家分享，特别是讨论性别话题，分享环境、生态、文明的话题，其中，有一个关键词是什么呢，和谐。我们生存在这样一个世界，生存在这样一个生存环境中，我们都希望有一个和谐的环境。学生们能够在这个和谐的环境里成长，肩上扛着一个脑袋瓜，最后，这个脑袋瓜里面装满了智慧，装满了你的，你的思想，你的思辨，然后，走出校园，走进社会，进一步和谐下去。我们这些老师能够传播我们的知识，我们有能力把我们的思想传播给学生。我们今天走上红地毯，我觉得，这种环境让我们进一步加深我们的思考，我希望我们今天的对话也给各位带来一些思考，也带来一些幸福感。谢谢大家。（鼓掌）

主持人：　　　　非常谢谢戴老师。我们还收到了很多同学提的问题，时间很有限，没有办法解答，有些遗憾。好在"芙蓉湖畔对话"还会一期一期地办下去，希望大家还有机会再一次坐在这里，进行更宽松的交流，让更多人收益哈。学校非常重视这个对话活动，校领导专门为了这场对话还点将哈，特别邀请了主持人、嘉宾们，大家很荣幸地来到了这里，和大家一起对话。非常谢谢！

　　　　　　　现在，我们举行一个小仪式，有请在座的几位校领导为我们今天的嘉宾颁发活动纪念牌。有请厦门大学党委副书记、纪委书记、校工会主席赖虹凯老师上台，有请厦门大学副校长、中科院院士韩家淮教授，厦门大学副校长詹心丽老师上台，有请厦门大学关工委主任陈力文老师，有请。（鼓掌）谢谢各位领导的光临。

　　　　　　　（校领导为主持人、嘉宾老师颁发纪念牌，并合影留念）

主持人：　　　　非常感谢各位嘉宾，感谢各位，感谢我们这场对话的主办单位、组委会，也非常感谢在座的各位老师和同学。今天对话活动到此结束，非常感谢。希望我们的对话永远持续下去，希望你们永远保持热情。大家还有疑问的，散场后，还可以找老师们请教，也通过其他形式联系嘉宾老师们进行交流。

　　　　　　　（全场响起热烈掌声）

附录 1

各期芙蓉湖畔对话嘉宾和主持人简介

第一期芙蓉湖畔对话嘉宾和主持人简介

赵玉芬

赵玉芬，中国科学院院士、有机化学家，先后任清华大学、郑州大学、厦门大学教授。曾兼任全国政协委员、全国青年联合会副主席等。1971 年毕业于台湾新竹清华大学化学系；1975 年至 1979 年在美国纽约州立大学石溪分校攻读博士、博士后，师从世界著名化学家、磷化学鼻祖——F. 诺米尔兹（Fausto Ramirez）教授；1979 年毅然回国。1991 年当选当时最年轻的中科院院士（学部委员），并创建了在国际学术界享有盛誉的"生命有机磷化学国家教委开放实验室"。

赵院士的研究领域包括：生命有机磷化学，生命起源，药物化学，生物质谱，化学生物学。

2015 年，因赵玉芬院士在生命有机磷研究领域的卓越成就，荣获"国际阿布佐夫奖"——有机磷化学领域。这也是迄今为止唯一一位中国获奖者。此外，她曾获中国青年科学家奖、教育部全国百名优秀博士论文导师奖、第二届新世纪巾帼发明家称号、科技部"十大杰出跨世纪人才"称号、中国科学院和教育部科技进步奖等奖励与荣誉。

袁东星

袁东星，1988 年毕业于美国艾奥瓦大学化学系，获博士学位。厦门大学环境与生态学院教授、博士生导师。兼任中国化学会环境化学专业委员会委员、中国环科学会环境化学专业委员会委员。2009 年获厦门大学教学名师奖和福建省教学名师奖，2011 年获厦门大学首届"最受欢迎女教师"称号。

长期从事环境化学的教学和科研，主要科研领域为环境有机污染物的迁移转化及归宿研究、海洋环境理化参数现场原位监测方法及相应仪器研发、环境样品预处理新技术的建立与发展。

先后主持国家自然科学基金项目、"863"课题、省部级重大重点项目 18 项。2010 年以来以通信作者身份发表被 SCI 收录的论文 20 多篇。

邹振东

邹振东，厦门大学新闻传播学院特聘教授，历史学博士、博士生导师，享受国务院特贴，人民网新媒体智库顾问，中国应急管理委员会网络舆情专家委员会专家委员，中国舆论学研究委员会常务理事。新浪网、《南方周末》等媒体的专栏作家，凤凰网特约评论员。

主持多项国家、省市社科基金重大项目，在《国际新闻界》等刊物发表论文并获多项全国及省市奖项，主编《电视媒介质量管理》等多部书籍，出版专著《台湾舆论议题与政治文化变迁》，获福建省社会科学优秀成果一等奖。

研究领域：台湾选举与台湾舆论、舆论理论与方法、新媒体与品牌管理、媒体融合与文化产业、广播电视实务。

蒋　月

　　蒋月，厦门大学法学院教授，博士生导师，民商法研究所主任。长期从事婚姻家庭法、劳动法与社会保障法、性别与法律的教学与研究。兼任中国法学会婚姻法学研究会副会长，中国社会法学研究会常务理事等学术职务；厦门大学妇女委员会主任，厦门大学工会副主席，厦门大学妇女 / 性别研究与培训基地副主任，福建省政府法律咨询专家、福建省妇女联合会执委等社会职务。

　　在核心刊物上发表《域外民法典中的夫妻债务制度比较研究——兼议对我国相关立法的启示》等学术论文 20 余篇；已出版《夫妻的权利与义务》（2001 年）、《婚姻家庭法前沿导论》等著作 8 部、译著 3 部。有 4 项科研成果荣获省部级奖励，其中专著《20 世纪婚姻家庭法：从传统到现代化》入选（2014）国家哲学社会科学成果库，并于 2017 年荣获第四届中国法学优秀成果（专著类）一等奖。其学术主张为 2001 年婚姻法修正案多个条款提供了重要支持。参与中国法学会民法典编纂项目之《民法典·婚姻家庭编》的论证起草，是其中的"夫妻人身关系"立法小组的负责人。

石红梅

石红梅，厦门大学马克思主义学院副院长，副教授，理论经济学人口、资源环境经济学博士，研究方向为妇女／性别理论，马克思主义女权主义。

曾获2015年全国思政课影响力人物、福建省优秀教师、福建省第一批思想政治理论课课程带头人、厦门大学青年教师教学技能比赛一等奖等奖励和荣誉。兼任福建省和谐社会研究会副会长、福建省思想政治理论教学研究会副秘书长、福建省福利协会常务理事，福建省妇女理论研究会常务理事，厦门大学妇女／性别研究与培训基地副主任。

李兰英

厦门大学法学院副院长,博士生导师。武汉大学刑法学博士,中国政法大学刑事诉讼法学博士后,牛津大学犯罪学访问学者。

已出版著作、译著 7 部,发表学术论文 60 余篇;主持国家社科基金项目、教育部项目、国际项目十余项。 入选福建省优秀法律人才、福建省优秀社会青年科学家、教育部优秀人才支持计划。 担任中国刑事诉讼法学会常务理事等学术职务,受聘为福建省高级人民法院、福建省人民检察院,厦门市中级人民法院、厦门市人民检察院及厦门市政法委的专家咨询委员。2014 年,荣获厦门市"劳动模范"称号。

第二期芙蓉湖畔对话嘉宾和主持人简介

齐忠权

　　齐忠权，厦门大学医学院副院长，教授，厦门大学器官移植研究所所长，国务院海外专家咨询委员。

　　毕业于哈尔滨医科大学医疗系，在哈尔滨医科大学附属第一医院外科工作 9 年，之后留学瑞典 13 年，获得瑞典隆德大学外科博士学位，是瑞典隆德大学马尔默医院器官移植中心客座医生。从事器官移植和腹部外科工作近三十余年，具有丰富的临床经验，擅长治疗普通外科常见疾病，胃肠外科和肿瘤疾病，临床肾脏、胰岛和细胞移植等，热爱中医及中西医结合专业。

　　2007 年回国创立厦门大学器官移植研究所；近年来运用干细胞、组织工程和动物克隆技术对异种移植进行了探索和研究。2012 年获得国家科技部重大科学研究计划重大基础导向项目的资助；国家科技部重大科学研究及 973 干细胞项目终审专家。已经发表近百篇医学论文，其中 70 余篇 SCI 英文论文。

王彦晖

　　厦门大学医学院副院长、中医学教授，国务院政府特殊津贴获得者。世界中医药学会联合会舌象研究专业委员会会长，中国教育部教学指导委员会委员，厦门市中医药学会副会长。

　　长期从事中医诊断学、温病学、内科学、养生学的理论教学及中医临床工作。临床上擅长中医的舌诊、脉诊，精于辨证施治，对癌症、失眠、头痛、更年期综合症等各种疾病的中医药治疗有较好的疗效，在当地享有盛誉。主要研究领域：(1) 中医舌诊和养生，著作有《临床实用舌象图谱》、《观舌识健康》、《舌诊与养生》。(2) 中医湿病，专著有《中医湿病学》《湿病真传》和《湿病证治》。曾获中华中医药学会的全国中医药优秀学术著作奖和金话筒奖，多次获得厦门市科技进步奖。

方 亚

方亚，医学博士，厦门大学公共卫生学院教授，博士生导师。研究方向为统计学方法及其在卫生领域中的应用，老龄化研究，慢性病流行病学，健康管理与经济政策。

主持和参加国家自然科学基金、省自然科学基金、卫计委和教育部等课题50余项，获国家级教学成果二等奖、省教学成果一等奖、省科技进步三等奖、市科技进步二等奖、全国老龄政策调研优秀奖等；发表论文100余篇，参编教材30部。在卫生统计与数据挖掘、健康管理与经济等领域具有丰富的研究经验。担任中国医药卫生体制改革监测与评价专家，中国卫生信息学会医学统计教育专委会常委，中国卫生信息学会健康医疗大数据政府决策支持与标准化专委会委员，中华预防医学会卫生统计专委会委员，厦门市预防医学会副会长，厦门市卫生经济学会副会长，厦门市老年学学会副会长。

赵秋爽

赵秋爽，厦门大学体育教学部副教授，博士，硕士生导师，蹦床国际级裁判，健美操、啦啦操国家高级裁判。

从事厦门大学的本科生、研究生、教职员工等各领域的形体舞蹈、瑜伽、健美操等多项实践课程以及体育教学的理论课程教学。多次担任全国、福建省乃至厦门市各项目的培训导师和健身导师，至今已培训人数达万人以上，担任全国运动会、城市运动会、青年运动会以及全国冠军赛、锦标赛等各项全国大型赛事的执裁工作。还多次为全国大学生田径运动会开幕式、厦门电视台、厦门市老年运动会开幕式、厦门市98贸洽会开幕式、厦门大学校运会开幕式以及校庆、"七一"等大型节目编排；曾多次为厦门大学、厦门市等众多代表队编排节目，多次荣获福建省、海峡两岸及厦门市等各类比赛的第一名和金奖等。

赖丹凤

赖丹凤，心理学博士，国家二级心理咨询师。厦门大学心理咨询与教育中心副主任，副教授，厦门市心理咨询师协会副会长。

长期从事大学生心理咨询工作，累计接待各类咨询求助超过一千小时，帮助大量学生直面情绪困扰，走出人际、情感、学业、自我认识等方面的困境。曾获得全国心理健康教育先进青年工作者称号，是一位"借生命影响生命"的专业心灵工作者。

蒋　月

蒋月，厦门大学法学院教授，博士生导师，民商法研究所主任，学术专长：婚姻家庭法、劳动法与社会保障法、性别与法律。兼任中国法学会婚姻法学研究会副会长，中国社会法学研究会常务理事等学术职务；厦门大学妇女委员会主任，校工会副主席，福建省政府法律咨询专家、福建省妇女联合会执委等社会职务。

已出版《夫妻的权利与义务》、《婚姻家庭法前沿导论》等著作8部、译著3部，专著《20世纪婚姻家庭法：从传统到现代化》入选（2014）国家哲学社会科学成果库。其学术主张为2001年婚姻法修正案多个条款提供了重要支持。当前正在参与中国法学会"民法典编纂项目"之《民法典·婚姻家庭编》的论证起草工作，是其中的"夫妻人身关系"立法小组的负责人。

第三期芙蓉湖畔对话嘉宾和主持人简介

江云宝

　　江云宝现为厦门大学化学化工学院院长，教授。马克斯普朗克生物物理化学研究所（洪堡基金）和香港大学博士后。曾任卡尚高师邀请教授和国立新加坡大学访问教授。

　　先后主持大众基金，国家杰出青年基金、国家基金重点项目和创新研究群体，教育部高校青年教师奖和创新团队项目，科技部蛋白质重大研究计划课题。现任 ACS Sensors 顾问编委，PPS 副主编，Supramol. Chem. 和 MAF 编委等；中国化学会理事、国家自然科学基金化学部和国家留学基金评审专家。入选"厦门大学 2016 年我最喜爱的十位老师"。

彭丽芳

彭丽芳厦门大学管理学院管理科学系主任，教授、博士生导师，兼任教育部电子商务专业教学指导委员会专家委员。曾在美国、加拿大、英国、韩国等著名大学访问学习。

近五年在国内外核心学术期刊和学术会议发表论文30多篇；主持完成国家级、省部级研究课题10项，并获得国家商务部电子商务调研课题一等奖；主持完成阿里巴巴集团等企业委托咨询课题若干项，取得显著成果。近些年获得了"厦门大学优秀共产党员"、"厦门大学学生科创竞赛指导教师突出贡献奖"、"厦门大学2015年学生最喜爱的十位老师"、"2017年福建省优秀教师"等荣誉称号。

叶文振

　　叶文振，厦门大学兼职教授、博导，原福建江夏学院副院长，中国妇女研究会副会长，享受国务院政府特殊津贴专家，厦门大学妇女 / 性别研究与培训基地学术委员会副主任。

　　从事跨学科与多学科的婚姻家庭与妇女发展研究，并获得国家社科基金、教育部社科规划项目等科研课题 20 多项，公开发表中英文学术文章 170 多篇，出版专著、合著和编著 16 部，19 项科研成果获得省部级奖励，其中论文《论生育文化与家庭制度的协调发展》获第十二届中国人口文化奖金奖，论文《中国妇女的社会地位及其影响因素》获第一届中国妇女研究优秀成果一等奖，《中国婚姻问题的经济学思考》获第二届中国人口科学优秀成果一等奖，教材《女性学导论》获福建省第七届社会科学优秀成果一等奖等。

武毅英

武毅英厦门大学教育研究院教育经济与管理研究所所长、高等教育发展研究中心教授、博士生导师。兼任两岸关系和平发展协创中心文教融合平台专家委员、高等教育质量建设协创中心就业与创业平台负责人、中国教育经济学研究会理事等学术机构职务。

著有《高等教育经济学导论》、《战后台湾高等教育与经济发展》、《高校毕业生就业问题的教育审视》、《转型期的大学生就业问题与对策》、《高校毕业生就业流向对人力资源配置的作用与影响》、《高校毕业生就业流动与社会分层》等书及与性别问题相关的论文《大学生就业竞争力和就业状况的性别差异》、《我国高校毕业生就业流动的性别差异分析》等。在高等教育与经济、高等教育财政、大学生就业、两岸高等教育合作等相关研究领域有一定的学术建树与社会影响。

何丽新

何丽新，厦门大学法学院副院长、教授，民商法专业博士生导师，兼任中国海商法协会常务理事、中国法学会婚姻法学研究会常务理事、福建省海商法研究会副会长、福建省法学会婚姻家庭法学研究会副会长等学术团体职务。

出版了《我国非婚同居立法规制》、《无单放货法律问题研究》等16本著作，发表《尼卡轮法律问题研究》等60多篇学术论文，曾主持国家社科基金项目、司法部课题等省部级和企事业单位委托课题30多项，获得厦门大学首届"我最喜爱的十位教师"等荣誉。

第四期芙蓉湖畔对话嘉宾和主持人简介

戴民汉

戴民汉 长江学者特聘教授、中国科学院院士。1987 年本科毕业于厦门大学，1995 年在法国皮埃尔玛丽居里大学获博士学位，随后在美国伍兹霍尔海洋研究所从事博士后研究。现任厦门大学学术委员会副主任、地球科学与技术学部主任、近海海洋环境科学国家重点实验室主任。

戴民汉教授主要从事海洋生源要素、放射性核素的生物地球化学研究，专长于海洋碳循环研究及其气候和生态效应，注重海洋观测、多学科交叉综合研究，是两期海洋碳循环 973 计划首席科学家。已发表论文 130 余篇。系统研究了中国近海与主要河口碳循环，揭示其 CO_2 源汇格局、关键控制过程与机理。提出物理 - 生物地球化学耦合诊断方法定量解析边缘海 CO_2 源汇格局，建立了大洋主控型边缘海碳循环理论框架。

戴民汉教授活跃于国际学术舞台。任职于多个国内、国际学术组织，多次应邀在重要国际会议作大会或特邀报告。同时，一直致力于海洋科学的专业教育与公众教育。与国内外同仁共同发起并推动成立"中国海洋科学卓越教育伙伴计划（COSEE China）"，为推广海洋科学与文化教育、向公众普及海洋知识、提高全民的海洋意识作了不懈的努力。

史大林

史大林，厦门大学特聘教授、博士生导师，入选中组部"青年千人计划"、国家优秀青年科学基金、科技部"中青年科技创新领军人才"。现任厦门大学环境与生态学院副院长、厦门大学环境科学研究中心主任、近海海洋环境科学国家重点实验室（厦门大学）首席科学家。

2000 年本科毕业于厦门大学生物学系，2011 年获美国普林斯顿大学地球科学博士学位。致力于海洋生物地球化学与全球变化研究，研究成果发表于 Science、PNAS、Limnology & Oceanography 等国际权威学术期刊。

朱晓勤

朱晓勤，女，法学博士，厦门大学法学院教授，研究领域为环境法与海洋法。现任厦门大学法学院副院长，海洋与海岸带发展研究院副院长，中国法学会环境与资源法学研究会常务理事，中国环境科学研究会环境法学分会常务理事，福建省委法律专家库成员，福建省高院和厦门市中院生态环境审判庭咨询专家，厦门市政府和泉州市人大立法顾问，厦门仲裁委员会和泉州仲裁委员会仲裁员，福建联合信实律师事务所兼职律师。

曾在英国伦敦大学学院（UCL）、美国华盛顿大学（UW）访学；2013 年作为中美富布莱特项目研究学者在哈佛大学法学院访学一年。

王海黎

　　王海黎，厦门大学特聘教授级高级工程师，科考船运行管理中心主任、海洋与地球学院副院长，近海海洋环境科学国家重点实验室副主任。

　　1988—1997 就读于厦门大学，获海洋学博士学位；1997—1999，北京大学博士后；2000—2002，就职于现中国海洋大学；2002—2009，在美国斯克里普斯海洋研究所工作。2010 年回母校工作至今，曾担任嘉庚号科考船建造项目技术总负责人。具有多年海上工作经验，数次赴南极科考。国家自然科学基金委员会共享航次专家组成员，大洋协会新型综合资源调查船及"蛟龙"号载人潜器支持母船建造项目咨询专家。

曹文清

曹文清，福建省教学名师。从事海洋生物学教学与科研 30 余载，曾兼任海洋与环境学院及海洋与地球学院副院长，对厦门大学海洋教育发展做出重要贡献。

近 10 年间，主持省部级以上各类科研及教育项目 16 项（经费近千万），获省教学成果一等奖 3 项；省科技二等奖 1 项；在国内海洋教育领域有一定知名度和影响力，是国家基金委和教育部及国家海洋局人才教育评审专家，多次参与国家层面及省部级层面相关教育评审，并多次作为专家到省外高校参加教学评估及教育部质量工程项目验收检查。

各期芙蓉湖畔对话现场

第一期芙蓉湖畔对话现场

第二期芙蓉湖畔对话现场

第三期芙蓉湖畔对话现场

第四期芙蓉湖畔对话现场

图书在版编目（CIP）数据

对话芙蓉湖畔. 第 1 辑 / 詹心丽主编. -- 北京：社
会科学文献出版社，2018.10
ISBN 978 - 7 - 5201 - 3888 - 8

Ⅰ.①对… Ⅱ.①詹… Ⅲ.①性别差异 - 文集 Ⅳ.
①B844 - 53

中国版本图书馆 CIP 数据核字（2018）第 252556 号

对话芙蓉湖畔　第 1 辑

主　　编 / 詹心丽
执行主编 / 蒋　月

出 版 人 / 谢寿光
项目统筹 / 刘骁军
责任编辑 / 关晶焱　赵瑞红

出　　版 / 社会科学文献出版社·集刊运营中心（010）59367161
　　　　　　地址：北京市北三环中路甲 29 号院华龙大厦　邮编：100029
　　　　　　网址：www. ssap. com. cn
发　　行 / 市场营销中心（010）59367081　59367083
印　　装 / 三河市东方印刷有限公司

规　　格 / 开　本：787mm × 1092mm　1/16
　　　　　　印　张：13.25　字　数：157 千字
版　　次 / 2018 年 10 月第 1 版　2018 年 10 月第 1 次印刷
书　　号 / ISBN 978 - 7 - 5201 - 3888 - 8
定　　价 / 58.00 元